"十四五"职业教育国家规划教材　　国家中等职业教育改革发展示范校建设系列教材

砌 筑 工 实 训

主　编　李　芳
副主编　刘　鹏　杨金龙
参　编　石　磊

中国水利水电出版社
www.waterpub.com.cn

·北京·

内 容 提 要

  本教材内容分为 6 个学习项目，包括砌体材料认知、施工机具认知、砌筑工艺、砌筑基本功、安全知识及文明施工和砌筑实训等。本教材结合相关规范和学校实训实际情况，通过实训项目，简明扼要地对砌筑工的实训目的、要求和基础知识进行了介绍，旨在提高中等职业学校学生的动手能力和职业岗位技能水平。

  本书可作为中等职业学校水利类专业教学及砌筑工的岗前培训教材，也可供水利水电工程技术人员参考。

图书在版编目（CIP）数据

砌筑工实训 / 李芳主编. -- 北京 ：中国水利水电
出版社，2015.2（2024.7重印）.
  国家中等职业教育改革发展示范校建设系列教材
  ISBN 978-7-5170-2971-7

  Ⅰ．①砌… Ⅱ．①李… Ⅲ．①砌筑－中等专业学校－
教材 Ⅳ．①TU754.1

中国版本图书馆CIP数据核字(2015)第036611号

书　　名	国家中等职业教育改革发展示范校建设系列教材 **砌筑工实训** 主　编　李　芳
作　　者	副主编　刘　鹏　杨金龙 参　编　石　磊
出版发行	中国水利水电出版社 （北京市海淀区玉渊潭南路1号D座　100038） 网址：www.waterpub.com.cn E-mail：sales@mwr.gov.cn 电话：(010) 68545888（营销中心）
经　　售	北京科水图书销售有限公司 电话：(010) 68545874、63202643 全国各地新华书店和相关出版物销售网点
排　　版	中国水利水电出版社微机排版中心
印　　刷	北京市密东印刷有限公司
规　　格	184mm×260mm　16开本　9.25印张　225千字
版　　次	2015年2月第1版　2024年7月第4次印刷
印　　数	5201—7200册
定　　价	**35.00元**

前　　言

教材事关国家和民族的前途命运，教材建设必须坚持正确的政治方向和价值导向。本书坚持党的二十大精神，全面贯彻党的教育方针，落实立德树人根本任务，为党育人，为国育才，弘扬劳动光荣、技能宝贵、创造伟大的时代风尚。

《砌筑工实训》教材根据建设部《建筑砌筑工培训计划与培训大纲》砌筑工专业培训要求进行编写，主要是为适应与配合全国建设行业全面实行建设职业技能岗位培训与鉴定的需要。教材重点介绍我国目前得到广泛使用，以及正大力推广的砌筑材料及砌筑方法，对建设部建议逐步淘汰的或工程实践中较少用到的砌筑材料及砌筑方法未作介绍。

当前中等职业教育培养方向主要是造就高素质技能型人才，因此建筑行业中对砌筑工的培养重点要加强技能训练，提高学生实操技能。本教材编写时采用较多的图和表格，叙述简单明了，尽量避免大篇幅的文字叙述，力争做到图文并茂、通俗易懂。

此外，编者希望本教材在学生经实训后，也能在今后的工作中当砌筑工操作手册使用。

本教材由甘肃省水利水电学校李芳主编，编写了学习项目 2、学习项目 3、学习项目 6；副主编中国水利中国水利水电第二工程局高工杨金龙编写了学习项目 4；副主编甘肃省水利水电学校刘鹏编写了学习项目 1 和附录；甘肃省水利水电学校石磊编写了学习项目 5。本教材在编写过程中，得到了中国水利水电第四工程局高级工程师李贵兴、中国水利水电第四工程局高级工程师王福让、中国水利水电第四工程局高级工程师阎有江、中国水利水电第四工程局高级工程师王贤、中国水利水电第十一工程局高级工程师李晗、甘肃省水利水电勘测设计院高级工程师王振强、西北水电勘测设计院高级工程师韩瑞及甘肃省水利水电学校水工系各位老师的大力支持，在此深表感谢。本教材编写时参考了已出版的多种相关培训教材和著作，对这些教材和著作的编著者，一并表示谢意。

限于编者的专业水平和实践经验，本教材疏漏或不当之处在所难免，恳请读者指正。

编者

2024 年 6 月

目　　录

绪　　论

0.1　砌体结构基础知识

0.1.1　砌体结构应用范围

（1）多层住宅、办公楼等民用建筑的基础、内外墙身、门窗过梁、墙、柱和地沟等构件大量采用砌体结构，在抗震设防烈度 6 度区，烧结普通砖砌体结构住宅可建到 8 层；在非抗震设防区，可建的层数更高。

（2）跨度小于 24m 且高度较小的俱乐部、食堂以及跨度在 15m 以下的中、小型工业厂房常采用砌体结构作为承重墙、柱及基础。

（3）60m 以下的烟囱、料仓、地沟、管道支架和小型水池等结构也常采用砌体结构。

（4）挡土墙、涵洞、桥梁、墩台、隧道、各种地下渠、小型水坝、堰和渡槽支架等，也常采用砌体结构。

（5）砌体结构抗弯、抗拉性能教差，一般不宜作为受拉或受弯构件；当弯矩、剪力或拉力较小时，仍可酌情采用，如跨度较小（2.4m 以内）的门窗过梁可采用砌体结构。如采用配筋砌体或与钢筋混凝土形成组合构件（墙梁），则承重力较高，可跨越较大的空间。

砌体结构由于承载力低，整体性、抗震性均差，在地震区应用时，应采取一定的措施。此时，初进行抗震计算外，还应遵守《砌体结构设计规范》（GB 50003—2019）规定的构造措施。

0.1.2　砌体结构的发展简史

党的二十大报告指出："要推进美丽中国建设，加快发展方式绿色转型，促进人与自然和谐共生。"随着科技的不断发展，出现了许多新型的材料，但是仍然动摇不了砌体结构在房屋建筑中重要地位，砌体结构在当今土木工程中仍然是一种重要的房屋建筑结构形式，其中石砌体和砖砌体在我国更是源远流长，构成了我国独特文化体系的一部分。

考古资料表明，我国早在 5000 年前就建造有石砌体祭坛和石砌围墙。我国隋代开皇十五年至大业元年，即公元 595—605 年由李春建造的河北赵县赵州桥（图 0-1），是世界上最早建造的空腹式单孔圆弧石拱桥。

据记载我国闻名于世的万里长城始建于公元前 7 世纪春秋时期的楚国，在秦代用乱石和土将秦、燕、赵北面的城墙连成一体并增筑新的城墙，建成闻名于世的万里长城（图 0-2）。

图 0-1　赵州桥

人们生产和使用烧结砖也有 3000 年以上的历史。我国在战国时期已能烧制大尺寸空心砖。南北朝以后砖的应用更为普遍。建于公元 523 年的河南登封嵩岳寺塔（图 0-3），平面为十二边形，共 15 层，总高 43.5m，为砖砌单筒体结构，是中国最早的古密檐式砖塔。

图 0-2　八达岭长城　　　　　　　　　　　　图 0-3　嵩岳寺塔

砌块中以混凝土砌块的应用较早，混凝土砌块于 1882 年问世，混凝土小型空心砌块起源于美国，第二次世界大战后混凝土砌块的生产和应用技术传至美洲和欧洲的一些国家，继而又传至亚洲、非洲和大洋洲。

20 世纪上半叶我国砌体结构的发展缓慢，建国以来，我国砌体结构得到迅速发展，取得了显著的成绩。近几年，砖的年产量达到世界其他各国砖年产量的总和，90% 以上的墙体均采用砌体材料。我国已从过去用砖石建造低矮的民房，发展到现在建造大量的多层住宅、办公楼等民用建筑和中小型单层工业厂房、多层轻工业厂"房以及影剧院、食堂等建筑。20 世纪 60 年代以来，我国小型空心砌块和多孔砖生产及应用有较大发展，近十年砌块与砌块建筑的年递增量均在 20% 左右。20 世纪 60 年代末我国已提出墙体材料革新，1988 年至今我国墙体材料革新已迈入第三个重要阶段。2000 年我国新型墙体材料占墙体材料总量的 28%，超过"九五"计划 20% 的目标，新型墙体材料达到 2100 亿块标准砖，共完成新型墙体材料建筑面积 3.3 亿 m²。

20 世纪 90 年代以来，在吸收和消化国外配筋砌体结构成果的基础上，建立了具有我国特点的钢筋混凝土砌块砌体剪力墙结构体系，大大地拓宽了砌体结构在高层房屋及其在抗震设防地区的应用。还应指出 20 世纪 60 年代初至今，在有关部门的领导和组织下，在全国范围内对砌体结构作了较为系统的试验研究和理论探讨，总结了一套具有我国特色、比较先进的砌体结构理论、计算方法和应用经验。《砖石结构设计规范》（GBJ 3—73）是我国根据自己研究的成果而制定的第一部砌体结构设计规范。《砌体结构设计规范》（GBJ 3—88）在采用以概率理论为基础的极限状态设计方法、多层砌体结构中考虑房屋的空间工作以及考虑墙和梁的共同工作设计墙梁等方面已达世界先进水平。2021 年 4 月 9 日住房和城乡建设部发布的《砌体结构通用规范》（GB 55007—2021）标志着我国建立了较为完整的砌体结构设计理论体系和应用体系。这部标准既适用于砌体结构的静力设计又适用于抗震设计，既适用于无筋砌体结构的设计又适用于较多类型的配筋砌体结构设计，既适用于多层砌体结构房屋的设计又适用于高层砌体结构房屋的设计。

在国外，砌体结构的发展也有很长的历史并得到了广泛的使用。砌体结构不仅应用于低层、多层建筑也用于高层建筑，不仅用于非地震区也用于地震区，并经受了20多年的地震考验，表现出良好的抗震性能。在设计理论方面，许多国家改变了长期沿用按弹性理论的容许应力设计方法的传统，积极采用极限状态设计方法。目前，国际标准化组织砌体结构技术委员会 ISO/TC179 编制的国际砌体结构设计规范采用以近似概率理论为基础的安全度法则，这将使砌体结构的设计方法提高到一个新的水平。

0.2 砌体结构分类

砌体结构是指由各种砖、石、砌块等与砌筑块材与砌筑砂浆组砌而成的结构，原称为砖石结构。砌体结构与混合结构是密不可分的相关结构类型。

0.2.1 按材料分类

根据砌筑材料的不同，砌体结构可分为砖砌体、石材砌体、砌块砌体、配筋砌体等。

1. 砖砌体

砖砌体是指采用标准尺寸的烧结普通砖、黏土空心砖、非烧结硅酸盐砖、粉煤灰砖与砂浆砌筑成的砌体，一般用于墙体或柱结构。但因黏土砖浪费农田、人工以及保温效果差等原因，有些地方已经禁用。

在房屋建筑中，砖砌体用作内外承重墙或围护墙及隔墙。其厚度是根据承载力及高厚比的要求确定，但外墙厚度往往还需要考虑保暖及隔热的要求。

砖砌体一般多砌成实心的，有时也可砌成空心的，砖柱则应实砌。实砌标准砖墙的厚度为 120mm（半砖）（图 0-4）、240mm（1 砖）（图 0-5）、370mm（1 1/2 砖）（图 0-6）、490mm（2 砖）（图 0-7）、620mm（2 1/2 砖）、740mm（3 砖）等。

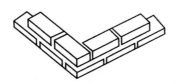

图 0-4　120 墙

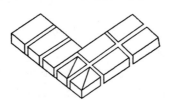

图 0-5　240 墙

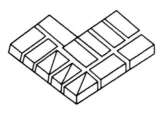

图 0-6　370 墙

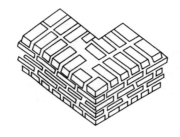

图 0-7　490 墙

当砌体砌成空心时，为空斗砖砌体，就是将部分或全部砖立砌，中间留有空斗（洞）的墙砌体。目前，采用的空斗墙分为一眠一斗、一眠多斗和无眠多斗墙等几种，如图0-8所示，厚度一般为240mm（图0-9）、300mm（图0-10）。空斗墙较实心墙能节省砖和砂浆，可使造价成本降低，自重减轻，但其整体性和抗震性能较差，也浪费人工。在非地震区，空斗墙可用作1~3层一般民用房屋的墙体。

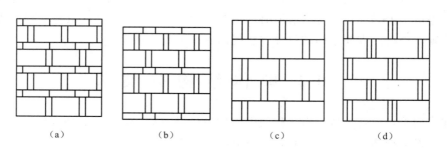

（a）　　　　　　　（b）　　　　　　　（c）　　　　　　　（d）

图0-8　空斗砖砌体

（a）一眠一斗；（b）一眠多斗；（c）（b）无眠多斗

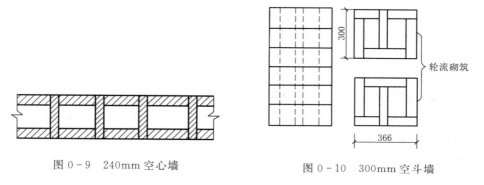

图0-9　240mm空心墙　　　　　　　图0-10　300mm空斗墙

烧结多孔砖可砌成的墙厚分别为90mm、120mm、190mm、240mm、370mm。

2．石材砌体

采用天然料石或毛石与砂浆砌筑的砌体称为天然石材砌体，常应用于条形基础、挡土墙结构，不宜应用于承受振动荷载的结构。石砌体分为料石砌体、毛石砌体和毛石混凝土砌体，如图0-11～图0-15所示。

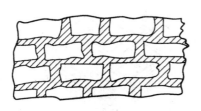

图0-11　细料石砌体

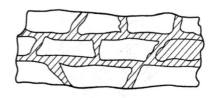

图0-12　半细料石砌体

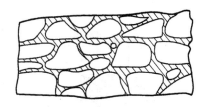

图 0-13 毛石砌体

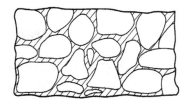

图 0-14 乱毛石砌体

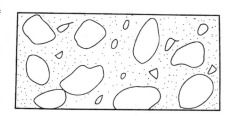

图 0-15 毛石混凝土砌体

天然石材具有强度高、抗冻性强和导热性好的特点，是带形基础、挡土墙及某些墙体的理想材料，可用作一般民用房屋的承重墙、柱和基础，还可用于建造石拱桥、石坝和涵洞等。

毛石混凝土砌体是在模板内交替铺置混凝土及形状不规则的毛石层筑成的。用于毛石混凝土砌体中的混凝土，其含砂量应较普通混凝土高。通常每浇灌 120～150mm 厚混凝土，再铺设一层毛石，将毛石插入混凝土中，再在石块上浇灌一层混凝土，交替地进行。毛石混凝土砌体适用于一般民用房屋和构筑物的基础以及挡土墙等。

3. 砌块砌体

砌块砌体是用中小型混凝土砌块、硅酸盐砌块、粉煤灰砌块与砂浆砌筑而成的砌体，可用于定型设计的民用房屋及工业厂房的墙体。并且由于砌块砌体自重轻，保温隔热性能好，施工进度快，经济效益好，因此，采用砌块建筑是墙体改革的一项重要措施。

目前，国内使用的小型砌块高度一般为 180～350mm，称为混凝土空心小型砌块砌体；中型砌块高度一般为 360～900mm，分别有混凝土空心中型砌块砌体和硅酸盐实心中型砌块砌体。空心砌块内加设钢筋混凝土芯柱者，称为钢筋混凝土芯柱砌块砌体，可用于有抗震设防要求的多层砌体房屋或高层砌体房屋。

4. 配筋砌体

采用在砖砌体或砌块砌体水平灰缝中配置钢筋网片或在砌体外部预留沟槽，槽内设置竖向粗钢筋并灌注细石混凝土（或水泥砂浆）的组合砌体称为配筋砌体。这种砌体可提高强度，减小构件截面，加强整体性，增加结构延性，因此，常用于改善结构抗震力。

（1）横向配筋砌体。在水平灰缝内配置钢筋网的砌体，称为横向配筋砌体（或网状配筋砌体）。我国目前采用较多的是横向配筋砌体（图 0-16），主要用作轴心受压或小偏心受压的墙、柱。

（2）纵向配筋砌体。在纵向灰缝或孔洞内配置纵向钢筋的砌体，称为纵向配筋砌体（图 0-17）。目前，在空心砖块竖向灰缝或孔洞内配置纵向钢筋的做法逐渐增多；但是在空心砖砌体灰缝内配置纵向钢筋不便于施工，因此很少采用。

（3）组合砌体。由砖砌体和钢筋混凝土或钢筋砂浆构成的砌体称为组合砌体（图 0-18）。这种砌体主要用作偏心距较大的受压构件，通常将钢筋混凝土和钢筋砂浆作面层。

图 0-16 横向配筋砌体

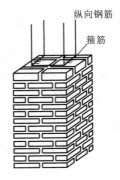

图 0-17 纵向钢筋砌体

0.2.2 按承重体系分类

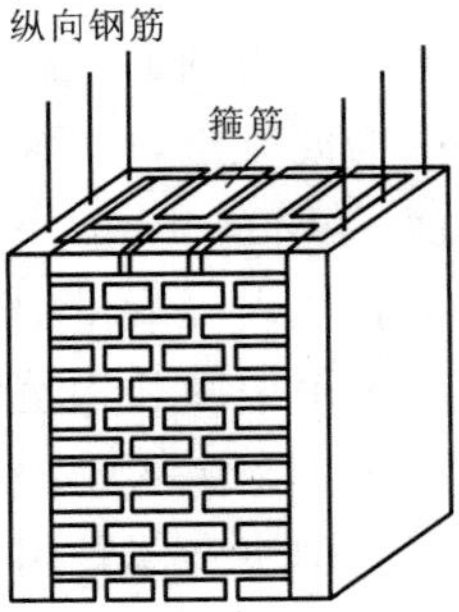

承重体系是指结构抵抗外部作用的构件组成方式，即指建筑物中的结构构件按一定规律组合成的一种承受和传递荷载的骨架系统。在高层建筑中，抵抗水平力是设计的主要矛盾，因此，抗侧力结构体系的确定和设计成为结构设计的关键问题。以砌体结构的受力特点为主要标志，根据屋（楼）盖结构布置的不同，混合结构承重体系一般可分为横墙承重体系、纵墙承重体系和内框架承重体系三种类型。

图 0-18 组合砌体

1. 横墙承重体系

横墙承重体系是指多数横向轴线设置的横墙为主要承重墙，承受由屋（楼）面荷载通过钢筋混凝土楼板传递的荷载，纵墙主要承受自重，侧向支撑横墙，保证房屋的整体性和侧向稳定性。

横墙承重体系的优点是屋（楼）面构件简单，施工方便，整体刚度好；缺点是房间布置不灵活，空间小，墙体材料用量大。其主要用于 5~7 层的住宅、旅馆、小开间办公楼。

2. 纵墙承重体系

纵墙承重体系是指纵向轴线设置的纵墙为主要承重墙，承受由屋（楼）面荷载通过钢筋混凝土楼板传递的荷载，横墙承受自重或少量竖向荷载，侧向支撑纵墙。

纵墙承重体系的主要特点是开间大、进深小，主要应用于教学楼、办公楼、实验室、车间、食堂、仓库和影剧院等建筑物。

3. 内框架承重体系

内框架承重体系是指建筑物内部设置钢筋混凝土柱与两端支于外墙的横梁形成内框架。外纵墙兼有承重和围护双重作用。

内框架承重体系的优点是内部空间大，布置灵活，经济效果和使用效果均较好；缺点是因其由两种性质不同的结构体系构成，具有不稳定性，地震作用下破坏严重，外纵墙尤甚，不宜用于处于地震区的建筑物。

除以上常见的三种承重体系外，还有纵、横墙双向承重体系和其他派生的砌体结构承重体系，如底层框架——剪力墙砌体结构等。

0.2.3 按使用特点和工作状态分类

砌体结构按其使用特点和工作状态不同，可分为一般砌体结构和特殊用途的构筑物。

1. 一般砌体结构

一般砌体结构是指用于正常使用状况下的工业与民用建筑。如供人们生活起居的住宅、宿舍、旅馆、招待所等居住建筑和供人们进行社会公共活动用的公共建筑。工业建筑则有为一般工业生产服务的单层厂房和多层工业建筑。

2. 特殊用途的构筑物

特殊用途的构筑物，通常称为特殊结构或特种结构，如烟囱、水塔、料仓及小型水池、涵洞和挡土墙等。

学习项目 1　砌 体 材 料 认 知

学习单元 1.1　烧结普通砖、烧结多孔砖砌体

1.1.1　烧结普通砖

1. 分类方式

（1）按原料分。烧结普通砖按主要原料分为黏土砖（N）、页岩砖（Y）、煤研石砖（M）和粉煤灰砖（F）。

（2）按等级分。

1）烧结普通砖根据抗压强度分为 MU30、MU25、MU20、MU15、MU10 五个强度等级，见表 1－1。

表 1－1　烧结普通砖强度等级

强度等级	抗压强度平均值 $f\geqslant$	变异系数 $\delta\leqslant0.21$ 强度标准值 $f_k\geqslant$	变异系数 $\delta>0.21$ 强度标准值 $f_{min}\geqslant$
MU30	30.0	22.0	25.0
MU25	25.0	18.0	22.0
MU20	20.0	14.0	16.0
MU15	15.0	10.0	12.0
MU10	10.0	6.5	7.5

2）烧结普通砖根据尺寸偏差、外观质量、泛霜和石灰爆裂分为优等品、一等品、合格品三个质量等级。其等级标准应符合表 1－2 的要求。优等品适用于清水墙，一等品、合格品可用于混水墙。中等泛霜的砖不能用于潮湿部位。

表 1－2　烧结普通砖质量等级

质量等级	泛　霜	石　灰　爆　裂
优等品	无泛霜	不允许出现最大破坏尺寸大于 2mm 的爆裂区域
一等品	不允许出现中等泛霜	最大破坏尺寸大于 2mm 且不大于 10mm 的爆裂区域，每组砖样不得多于 15 处。不允许出现最大破坏尺寸大于 10mm 的爆裂区域
合格品	不允许出现严重泛霜	最大破坏尺寸大于 2mm 且不大于 15mm 的爆裂区域，每组砖样不得多于 15 处。其中大于 10mm 的不得多于 7 处。不允许出现最大破坏尺寸大于 15mm 的爆裂区域

3）按规格分。烧结普通砖的外形为直角六面体，其公称尺寸为长 21mm、宽 115mm、高 53mm，常用配砖规格为 17mm×11mm×53mm。

2. 技术要求

（1）砖的品种、强度等级必须符合设计要求，规格一致，强度等级不小于 MU10，并

有出厂合格证、产品性能检测报告清水墙的砖应色泽均匀，边角整齐。

（2）严禁使用黏土实心砖。

（3）有冻胀环境的地区，地面以下或防潮层以下的砌体，可采用煤矸石、页岩实心砖。

（4）烧结普通砖的尺寸允许偏差应符合表1-3的规定。

表1-3　　　　　　　　　　　烧结普通砖尺寸允许偏差　　　　　　　　　　单位：mm

公称尺寸	优等品		一等品		合格品	
	样本平均偏差	样本极差	样本平均偏差	样本极差	样本平均偏差	样本极差
240（长）	±2.0	≤6	±2.5	≤7	±3.0	≤8
115（宽）	±1.5	≤5	±2.0	≤6	±2.5	≤7
53（高）	±1.5	≤4	±1.6	≤5	±2.0	≤6

（5）烧结普通砖外观质量应符合表1-4的规定。

表1-4　　　　　　　　　　　烧结普通砖外观质量　　　　　　　　　　单位：mm

项　目		优等品	一等品	合格
两条面高度差		≤2	≤3	≤4
弯曲		≤2	≤3	≤4
杂质突出高度		≤2	≤3	≤4
裂纹	大面上宽度方向及其延伸至条面的长度	5	20	30
	大面上长度方向及其延伸至顶面的长度或条顶面上水平裂纹的长度	≤30	≤60	≤80
		≤50	≤80	≤100
完整面不得少于		两条面和两顶面	一条面和一顶面	—
颜色		基本一致	—	—

注　凡有下列缺陷之一者，不得称为完整面：①缺损在条面或顶面上造成的破坏面尺寸同时大于10mm×10mm；②条面或顶面上裂纹宽度大于1mm，其长度超过30mm；③压陷、粘底、焦花在条面或顶面上的凹陷或凸出超过2mm，区域尺寸同时大于10mm×10mm。

（6）烧结普通砖的抗风化性能，见表1-5。

表1-5　　　　　　　　　　　烧结普通砖抗风化性能　　　　　　　　　　单位：mm

种类	严重风化区				非严重风化区			
	5h沸煮吸水率/%，≤		饱和系数，≤		5h沸煮吸水率/%，≤		饱和系数，≤	
	平均值	单块最大值	平均值	单块最大值	平均值	单块最大值	平均值	单块最大值
黏土砖	18	20	0.85	0.87	19	20	0.88	0.90
粉煤灰砖	21	23			23	25		
页岩砖	16	18	0.74	0.77	18	20	0.78	0.80
煤矸石砖								

1.1.2　烧结多孔砖

1. 分类

（1）类别。烧结多孔砖按主要原料分为薪土砖、页岩砖、煤开石砖、粉煤灰砖、淤泥砖、固体废弃物砖。

（2）规格。烧结多孔砖的外形为直角六面体，其长度、宽度、高度尺寸应符合下列要求：

长：290mm，240mm；

宽：190mm，180mm，140mm，115mm；

高：90mm。

其他规格尺寸由供需双方确定。

2．技术要求

（1）烧结多孔砖尺寸允许偏差应符合表1-6的规定。

表1-6　　　　　　　　　　　烧结多孔砖尺寸允许偏差　　　　　　　　　　单位：mm

尺寸	样本平均偏差	样本极差
>400	±3.0	≤10.0
300～400	±2.5	≤9.0
200～300	±2.5	≤8.0
100～200	±2.0	≤7.0
<100	±1.5	≤6.0

（2）烧结多孔砖的外观质量，见表1-7。

表1-7　　　　　　　　　　　　烧结多孔砖外观质量　　　　　　　　　　　单位：mm

项　目		指　标
完整面不得少于		一条面和一顶面
缺棱掉角的三个破坏尺寸不得同时大于		30
裂纹	大面（有孔）上深入孔壁15mm以上宽度方向及其延伸到条面的长度	≤80
	大面（有孔面）上深入孔壁15mm以上长度方向及其延伸到顶面长度	≤100
	条顶面上水平裂纹	≤100
杂质在砖面上造成的凸出高度		≤5

注　凡有下列缺陷之一者，不能称为完整面：①缺损在条面或顶面上造成的破坏面尺寸同时大于20mm×30mm；②条面或顶面上裂纹宽度大于1mm，其长度超过70mm；③压陷、焦花、粘底在条面或顶面上的凹陷或凸出超过2mm，区域尺寸同时大于20mm×30mm。

（3）烧结多孔砖抗风化性能，见表1-8。

（4）烧结多孔砖的孔型结构及孔洞率应符合表1-9的要求。

表1-8　　　　　　　　　　　　烧结多孔砖抗风化性能　　　　　　　　　　单位：mm

	严重风化区				非严重风化区			
	5h沸煮吸水率/%，≤		饱和系数，≤		5h沸煮吸水率/%，≤		饱和系数，≤	
	平均值	单块最大值	平均值	单块最大值	平均值	单块最大值	平均值	单块最大值
黏土砖	21	23	0.85	0.87			0.88	0.90
粉煤灰砖	23	25						

	严重风化区				非严重风化区			
	5h沸煮吸水率/%，≤		饱和系数，≤		5h沸煮吸水率/%，≤		饱和系数，≤	
	平均值	单块最大值	平均值	单块最大值	平均值	单块最大值	平均值	单块最大值
页岩砖	16	18	0.74	0.77			0.78	0.80
煤矸石砖	19	21						

注 粉煤灰掺入量（质量比）小于30%时，按黏土砖规定判定。

表1-9　　　　　　　　　　烧结多孔砖的孔型结构及孔洞率

	孔洞尺寸/mm		最小外壁厚/mm	最小肋厚/mm	孔洞率/%	孔洞排列
	孔宽度尺寸 b	孔长度尺寸 L				
矩形条孔或矩形孔	≤13	≤40	≥12	≥5	≥28	1）所有孔宽应相等。孔采用单向或双向交错排列。 2）孔洞排列上下、左右应对称，分布均匀，手抓孔的长度方向尺寸必须平行于砖的条面

注 ①孔四个角应做成过渡圆角，不得做成直尖角；②如设有砌筑砂浆槽，则砌筑砂浆槽不计算在孔洞率内；③矩形孔的孔长 L、孔宽 b 满足 $L \geq 3b$ 时，为矩形条孔；④规格大的砖应设置手抓孔，手抓孔尺寸为（30～40）mm×（75～85）mm。

（5）放射性核素限量。放射性核素限量按《建筑材料放射性核素限量》（GB 6566—2010）的规定。

（6）抽样。

1）外观质量检验的试样采用随机抽样法，在每一检验批的产品堆垛中抽取。

2）其他检验项目的样品用随机抽样法从外观质量检验合格的样品中抽取。

3）抽样数量按表1-10进行。

表1-10　　　　　　　　　　烧结多孔砖的抽样数量

检验项目	抽查数量/块	检验项目	抽查数量/块
外观质量	50（$n_1 = n_2 = 50$）	泛霜	5
尺寸允许偏差	20	石灰爆裂	5
密度等级	3	吸水率和饱和系数	5
强度等级	10	冻融	5
孔型结构及孔洞率	3	放射性核素限量	3

学习单元1.2　蒸压粉煤灰砖、蒸压灰砂砖砌体

近年来，党中央对绿色建筑的高度重视，大力发展绿色建筑对推动经济社会发展绿色化、低碳化具有重要意义。党的二十大报告指出："要推进美丽中国建设，加快发展方式绿色转型，促进人与自然和谐共生。"我们要加快发展方式绿色转型，实施全面节约战略，

发展绿色低碳产业，倡导绿色消费，推动形成绿色低碳的生产方式和生活方式，传统砌体材料必将为新型墙体材料所替代。我国近些年来以非黏土为原料的新型砌块主要包括用于承重墙体的蒸压灰砂砖、蒸压粉煤灰砖、粉煤灰烧结砖、粉煤灰水浸砖、烧结页岩砖、混凝土小型空心砌块；用于非承重墙体的轻骨料混凝土小型空心砌块、蒸压加气混凝土砌块、石膏空心砌块、粉煤灰烧结砖、烧结页岩砖、粉煤灰水浸砖等。

1.2.1 粉煤灰砖

1. 分类

（1）按颜色分。砖的颜色分为本色（N）和彩色（Co）。

（2）规格。砖的外形为直角六面体。砖的公称尺寸为长度 240mm、宽度 115mm、高度 53mm。

（3）按等级分。

1）强度等级分为 MU30、MU25、MU20、MU15、MU10。

2）质量等级根据尺寸偏差、外观质量、强度等级、干燥收缩分为优等品（A）、一等品（B），合格品（C）。

2. 适用范围

（1）粉煤灰砖可用于工业与民用建筑的墙体和基础，但用于基础或用于易受冻融和干湿交替作用的建筑部位必须使用 MU15 及以上强度等级的砖。

（2）粉煤灰砖不得用于长期受热（200℃以上）、受急冷急热和有酸性介质侵蚀的建筑部位。

3. 技术要求

（1）尺寸偏差和外观应符合表 1-11 的规定。

表 1-11　　　　　　　　　　粉煤灰砖的尺寸偏差和外观　　　　　　　　　　单位：mm

项 目		指 标		
		优等品（A）	一等品（B）	合格品（C）
尺寸允许偏差	长 L	±2	±3	±4
	宽 B	±2	±3	±4
	高 H	±1	±2	±3
对应高度差，≤		1	2	3
缺棱掉角的最小破坏尺寸，≤		10	15	20
完整面不少于		二条面和一顶面或二顶面和一条面	一条面和一顶面	一条面和一顶面
裂纹长度	大面上宽度方向的裂纹（包括延伸到条面上的长度），≤	30	50	70
	其他裂纹，≤	50	70	100
层裂		不允许		

注　在条面或顶面上破坏面的两个尺寸同时大于10mm或20mm者为非完整面。

（2）色差。色差应不显著。

（3）强度等级应符合表 1-12 的规定，优等品砖的强度等级应不低于 MU15。

表 1 – 12   **粉煤灰砖的强度等级**   单位：MPa

强度等级	抗压强度		抗折强度	
	10块平均值，≥	单块值，≥	10块平均值，≥	单块值，≥
MU30	30.0	24.0	6.2	5.0
MU25	25.0	20.0	5.0	4.0
MU20	20.0	16.0	4.0	3.2
MU15	15.0	12.0	3.3	2.6
MU10	10.0	8.0	2.5	2.0

（4）抗冻性应符合表1–13的规定。

表 1 – 13   **粉 煤 灰 砖 的 抗 冻 性**

强度等级	抗压强度（平均值，≥）/MPa	砖的干质量损失（单块值，≤）/%
MU30	24.0	
MU25	20.0	
MU20	16.0	2.0
MU15	12.0	
MU10	8.0	

（5）干燥收缩值。优等品和一等品应不大于0.65mm/m；合格品应不大于0.75mm/m。

（6）碳化系数 $K_c \geqslant 0.8$。

4．粉煤灰砖抽样检测

（1）检验项目。出厂检验的项目包括外观质量、抗折强度和抗压强度。

（2）批量。每10万块为一批，不足10万块亦为一批。

（3）抽样。

1）用随机抽样法抽取100块砖进行外观质量检验。

2）从外观质量合格的砖样中按随机抽样法抽取2组20块砖样（每组10块），其中1组进行抗压强度和抗折强度试验，另1组备用。

（4）判定。

1）若外观质量不符合表1–11优等品规定的砖数不超过10块，判定该批砖外观质量为优等品；不符合一等品规定的砖数不超过10块，判定该批砖为一等品；不符合合格品规定的砖数不超过10块，判定该批砖为合格品。

2）该批砖的抗折强度与抗压强度级别由试验结果的平均值和最小值按产品技术要求判定。

3）每批砖的等级应根据外观质量、抗折强度、抗压强度、干燥收缩和抗冻性进行判定，应符合产品标准规定。

1.2.2 蒸压灰砂砖

1. 分类

（1）按颜色分。按灰砂砖的颜色分为彩色（Co）和本色（N）。

（2）按规格分。砖的外形为直角六面体。砖的公称尺寸为长 240mm、宽 115mm、高 53mm。生产其他规格尺寸产品，由用户与生产厂家协商确定。

（3）按等级分。

1）强度级别。根据抗压强度和抗折强度分为 MU25、MU20、MU15、MU10 四级。

2）质量等级根据尺寸偏差和外观质量、强度及抗冻性分为优等品（A）、一等品（B）、合格品（C）。

2. 适用范围

（1）MU15、MU20、MU25 的砖可用于基础及其他建筑；MU10 的砖仅可用于防潮层以上的建筑。

（2）灰砂砖不得用于长期受热 2000℃ 以上、受急冷急热和有酸性介质侵蚀的建筑部位。

3. 技术要求

（1）尺寸偏差和外观应符合表 1-14 的规定。

表 1-14　　　　　　　　蒸压灰砂砖的尺寸偏差和外观　　　　　　　单位：mm

项目		指标		
		优等品（A）	一等品（B）	合格品（C）
尺寸允许偏差	长 L	±2	±2	±3
	宽 B	±2		
	高 H	±1		
对应高度差，≤		1	2	3
缺棱掉角	个数/个，≤	1	1	2
	最大尺寸，≤	1	15	20
	最小尺寸，≤	5	10	10
裂纹长度	条数/条	1	1	2
	大面上宽度方向的裂纹（包括延伸到条面上的长度），≤	20	50	70
	大面上长度方向及其延伸到顶面上的长度或条、顶面水平裂纹的长度，≤	30	70	100

（2）颜色应基本一致，无明显色差但对本色灰砂砖不作规定。

（3）抗压强度和抗折强度应符合表 1-15 的规定。

（4）抗冻性应符合表 1-16 的规定。

表 1-15 蒸压灰砂砖的力学性能 单位：MPa

强度等级	抗压强度		抗折强度	
	平均值，⩾	单块值，⩾	平均值，⩾	单块值，⩾
MU25	25.0	20.0	5.0	4.0
MU20	20.0	16.0	4.0	3.2
MU15	15.0	12.0	3.3	2.6
MU10	10.0	8.0	2.5	2.0

注 优等品的强度级别不得小于 MU15。

表 1-16 蒸压灰砂砖的抗冻性指标

强度等级	冻后抗压强度/MPa（平均值，⩾）	砖的干质量损失/%（单块值，⩽）
MU25	20.0	
MU20	16.0	
MU15	12.0	2.0
MU10	8.0	

注 优等品的强度级别不得小于 MU15。

4. 蒸压灰砂砖抽样检测

（1）检验项目。

1）出厂检验项目包括尺寸偏差和外观质量、颜色、抗压强度和抗折强度。

2）形式检验项目包括技术要求中全部项目。

（2）批量。同类型的灰砂砖每 10 万块为一批，不足 10 万块亦为一批。

（3）抽样。

1）尺寸偏差和外观质量检验的样品用随机抽样法从堆场中抽取，其他检验项目的样品用随机抽样法从尺寸偏差和外观质量检验合格的样品中抽取。

2）抽样数量按表 1-17 进行。

表 1-17 蒸压灰砂砖的抽样数量 单位：块

项　次	检验项目	抽查数量
1	尺寸偏差和外观质量	50（$n_1 = n_2 = 50$）
2	颜色	36
3	抗折强度	5
4	抗压强度	5
5	抗冻性	5

学习单元 1.3 砌 块 砌 体

混凝土小型空心砌块的品种、强度等级必须符合设计要求，砌块的强度等级不小于

MU7.5，并有出厂合格证、试验单。施工时所用的小砌块的产品龄期不应小于28d，严禁使用断裂小砌块，小砌块进场应用叉车装卸。

1.3.1 普通混凝土小型空心砌块

1. 产品分类

（1）普通混凝土小型空心砌块是以水泥、砂、碎石或卵石、水等预制成的混凝土小型空心砌块，各部位名称如图1-1所示。

（2）普通混凝土小型空心砌块按尺寸偏差、外观质量分为优等品、一等品和合格品。

（3）普通混凝土小型空心砌块按其强度等级分为MU3.5、MU5.0、MU7.5、MU10.0、MU15.0、MU20 六个强度等级。

2. 技术要求

（1）普通混凝土小型空心砌块主规格尺寸为390mm×190mm×190mm，其他规格尺寸可由供需双方协商确定。最小外壁厚应不小于30mm，最小肋厚应不小于25mm，空心率应不小于25%。

（2）普通混凝土小型空心砌块的尺寸允许偏差应符合表1-18的规定，其外观质量应符合表1-19的规定。

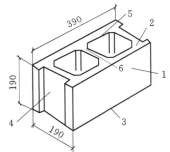

图1-1　混凝土小型空心砌块
（单位：mm）

1—条面；2—坐浆面（肋厚较小的面）；
3—铺浆面（肋厚较大的面）；4—顶面；
5—壁；6—肋

表1-18　　　　　　　普通混凝土小型空心砌块的尺寸允许偏差　　　　　　　单位：mm

项目名称	优等品	一等品	合格品
长度 L	±2.0	±3.0	±3.0
宽度 B	±2.0	±3.0	±3.0
高度 H	±2.0	±3.0	+3.0，−4.0

表1-19　　　　　　　　普通混凝土小型空心砌块外观质量　　　　　　　　单位：mm

项目名称		优等品	一等品	合格品
弯曲，≤		2	2	3
掉角缺棱	个数不多于/个	0	2	2
	掉角缺棱三个方向投影尺寸的最小值，≤	0	20	30
裂纹延伸的投影尺寸累计，≤		0	20	30

（3）普通混凝土小型空心砌块强度等级应符合表1-20的要求。

表1-20　　　　　　　　普通混凝土小型空心砌块强度等级　　　　　　　　单位：MPa

强度等级	砌块抗压强度	
	平均值，≥	单块最小值，≥
MU3.5	3.5	2.8

16

强度等级	砌块抗压强度	
	平均值，≥	单块最小值，≥
MU5.0	5.0	4.0
MU7.5	7.5	6.0
MU10.0	10.0	8.0
MU15.0	15.0	12.0
MU20.0	20.0	16.0

（4）普通混凝土小型空心砌块的相对含水率应符合表 1-21 的规定。

表 1-21　　　　　　　　普通混凝土小型空心砌块相对含水率　　　　　　　　　　％

使用地区	潮湿	中等	干燥
相对含水率，≤	45	40	35

注　1. 潮湿：指年平均相对湿度大于 75% 的地区。

　　2. 中等：指年平均相对湿度在 50%～75% 之间的地区。

　　3. 干燥：指年平均相对湿度小于 50% 的地区。

（5）抗渗性。用于清水墙的砌块，其抗渗性应满足表 1-22 的规定。

表 1-22　　　　　　　　普通混凝土小型空心砌块的抗渗性

项目名称	指标
水面下降高度	三块中任一块≤10mm

（6）抗冻性。普通混凝土小型空心砌块的抗冻性应符合表 1-23 的规定。

表 1-23　　　　　　　　普通混凝土小型空心砌块的抗冻性

使用环境条件		抗冻等级	指标
非采暖地区		不规定	—
采暖地区	一般环境	F15	强度损失≤25%
	干湿交替环境	F25	质量损失≤5%

注　1. 非采暖地区指最冷月份平均气温高于 -5℃ 的地区。

　　2. 采暖地区指最冷月份平均气温低于或等于 -5℃ 的地区。

1.3.2　轻集料混凝土小型空心砌块

1. 产品分类

（1）类别。按砌块孔的排数分为：单排孔、双排孔、三排孔和四排孔等。

（2）等级。

1）按砌块密度等级分为八级：700、800、900、1000、1100、1200、1300、1400。

2）按砌块强度等级分为五级：MU2.5、MU3.5、MU5.0、MU7.5、MU10.0。

（3）轻集料。

1）最大料径不宜大于 9.5mm。

2）轻集料应符合《轻集料及其试验方法 第 1 部分：轻集料》（GB/T 17431.1—2010）的要求。

2. 轻集料混凝土小型空心砌块技术要求

（1）轻集料混凝土小型空心砌块的主规格尺寸为 390mm×190mm×190mm，其他规格尺寸可由供需双方商定。其尺寸允许偏差应符合表 1-24 的规定。

表 1-24　　　　　　　　轻集料混凝土小型空心砌块规格尺寸偏差　　　　　　单位：mm

项目名称	指标
长度 L	±3.0
宽度 B	±3.0
高度 H	±3.0

（2）外观质量应符合表 1-25 的规定。

表 1-25　　　　　　　　　轻集料混凝土小型空心砌块外观质量　　　　　　　单位：mm

项　　目		指　　标
最小壁厚	用于承重墙体，≥	30
	用于非承重墙体，≥	20
肋厚	用于承重墙体，≥	25
	用于非承重墙体，≥	20
缺棱掉角	个数/块，≤	2
	三个方向投影的最大值，≤	20
裂缝延伸的累计尺寸，≤		30

（3）密度等级符合表 1-26 的规定。

表 1-26　　　　　　　　　　轻集料混凝土小型空心砌块密度等级　　　　　　单位：kg·m^{-3}

密度等级	砌块干燥表观密度的范围
700	≥610，≤700
800	≥710，≤800
900	≥810，≤900
1000	≥910，≤1000
1100	≥1010，≤1100
1200	≥1110，≤1200
1300	≥1210，≤1300
1400	≥1310，≤1400

（4）同一强度等级砌块的抗压强度和密度等级范围应同时满足表 1-27 的要求。

表 1 - 27 　　　　　　　　　　轻集料混凝土小型空心砌块强度等级

强度等级	砌块抗压强度/MPa		密度等级范围/(kg·m⁻³)
	平均值	最小值	
MU2.5	≥2.5	≥2.0	≤800
MU3.5	≥3.5	≥2.8	≤1000
MU5.0	≥5.0	≥4.0	≤1200
MU7.5	≥7.5	≥6.0	≤1200 ≤1300
MU10.0	≥10.0	≥8.0	≤1200 ≤1400

注　当砌块的抗压强度同时满足 2 个强度等级或 2 个以上强度等级要求时，应以满足要求的最高强度等级为准。

（5）吸水率不应大于 20%，干缩收缩率应不大于 0.065%。干缩率和相对含水率应符合表 1 - 28 的要求。

表 1 - 28 　　　　　　轻集料混凝土小型空心砌块干缩率和相对含水率　　　　　　　　　　%

干缩率	相对含水率		
	潮湿	中等潮湿	干燥
<0.03	≤45	≤40	≤35
≥0.03，<0.045	≤40	≤35	≤30
>0.045，≤0.065	≤35	≤30	≤25

注　1. 相对含水率即砌块出厂含水率与吸水率之比。
　　2. 使用地区的湿度条件：潮湿：系指年平均相对湿度为大于 75% 的地区；中等：系指年平均相对湿度为 50%～75% 的地区；干燥：系指年平均相对湿度小于 50% 的地区。

（6）碳化系数和软化系数。碳化系数不应小于 0.80 软化系数不应小于 0.80。

（7）抗冻性应符合表 1 - 29 的要求。

表 1 - 29 　　　　　　　　　轻集料混凝土小型空心砌块抗冻性　　　　　　　　　　　　%

使用条件	抗冻等级	质量损失率	强度损失率
温和与夏热冬暖地区	F15		
夏热冬冷地区	F25	≤5	≤25
寒冷地区	F35		
严寒地区	F50		

（8）放射性核素限量。砌块的放射性核素限量应符合《建筑材料放射性核素限量》（GB 6566—2010）的要求。

1.3.3　蒸压加气混凝土砌块

1. 加气混凝土在建筑应用中的特点

（1）性能特点。

1）密度小。加气混凝土的孔隙率一般在 70%～80%，其中由铝粉发气形成的气孔占

40%～50%，由水分形成的气孔占 20%～40%，大部分气孔孔径为 0.5～2mm，平均孔径为 1mm 左右。由于这些气孔的存在，加气混凝土通常密度为 400～700kg/m³，比普通混凝土轻 60%～80%。

2）具有结构材料必要的强度。材料的强度与密度通常成正比关系，加气混凝土也有此性质，以体积密度 500～700kg/m³ 的制品来说，一般强度为 2.5～6.0MPa，具备了作为结构材料必要的强度条件，这是泡沫混凝土所不及的。

3）弹性模量和徐变较普通混凝土小。加气混凝土的弹性模量为 0.147×10^4 ～ 0.245×10^4 MPa，只及普通混凝土 1.96×104 MPa 的 1/10，因此在同样荷载下，其变形比普通混凝土大；加气混凝土的徐变系数 0.8～1.2 比普通混凝土的徐变系数 1～4 小，所以在同样受力状态下，其徐变系数比普通混凝土要小。

4）耐火性好。加气混凝土是不燃材料，在受热在 80～100℃ 以上时，会出现收缩和裂缝，但在 70℃ 以前不会损失强度，并且不散发有害气体，耐火性能卓越。

5）隔热保温性能好。和泡沫混凝土一样，加气混凝土具有隔热保温性能好的优点，它的导热系数为 0.116～0.212W/(m·K)。

6）隔声性能较好。加气混凝土的吸声能力（吸声系数为 0.2～0.3）比普通混凝土要好，但隔声能力因受质量定律支配，与质量成正比，所以加气混凝土要比普通混凝土差，但比泡沫混凝土要好。

7）耐久性好。加气混凝土的长期强度稳定性比泡沫混凝土好，但它的抗冻性和抗风化性比普通混凝土差，所以在使用中要有必要的处理措施。

8）易加工。加气混凝土可锯、可刨、可切、可钉、可钻。

9）干收缩性能满足建筑要求。加气混凝土的干燥收缩标准值为不大于 0.5mm/m（温度 20℃，相对湿度 43±2%），如果含水率降低，干燥收缩值也相应减少，所以只要砌墙时含水率控制在 15% 以下，砌体的收缩值就能满足建筑要求。

10）施工效率高。在同样质量的条件下，加气混凝土的块型大，施工速度快；在同样块型的条件下，加气混凝土比普通混凝土要轻，可以不用大的起重设备，砌筑费用少。

（2）用途。

1）由于加气混凝土制品具有上述特点，使之适用于下面一些场合。①高层框架混凝土建筑多年的实践证明，加气混凝土在高层框架混凝土建筑中的应用是经济合理的，特别是用砌块来砌筑内外墙，已普遍得到社会的认同；②抗震地区建筑由于加气混凝土自重轻，其建筑所受的地震力就小，对抗震有利，和砖筑相比，同样的建筑、同样的地震条件下，震害程度相差一个地震设计设防级别，如砖混建筑 7 度设防，它会受破坏，而此时加气混凝土建筑只达 6 度设防，就不会被破坏；③严寒地区建筑加气混凝土的保温性能好，200mm 厚的墙的保温效果相当于 490mm 厚的砖墙的保温效果，因此它在寒冷地区的建筑经济效果突出，所以具有一定的市场竞争力；④软质地基建筑在相同地基条件下，加气混凝土建筑的层数可以增多，对经济有利。

2）加气混凝土的主要缺点是收缩大、弹性模量低、怕冻害。不适应场所包括温度大于 80℃ 的环境；有酸、碱危害的环境；长期潮湿的环境，特别是在寒冷地区尤应注意。

（3）加气混凝土产品的品种及用途，见表 1-30。

表 1 - 30　加气混凝土砌块的品种及用途

品 种	特 点	用 途
蒸压粉煤灰加气混凝土砌块	以水泥、石灰、石膏和粉煤灰为主要原料，以铝粉为发气剂，经搅拌、注模、静停、切割、蒸压养护而成。具有质轻、强度较高、可加工性好、施工方便、价格较低、保温隔热、节能效果好等优点	适用于低层建筑的承重墙多层建筑的自承重墙、高层框架建筑的填充墙，以及建筑物的内隔墙、屋面和外墙的保温隔热层，特别适用于节能建筑的单一和复合外墙。少量作其他用途（保温方面如滑冰场和供热管道保温等）
加气混凝土砌块	由磨细砂、石灰，加水泥、水和发泡剂搅拌，经注模、静停、切割、蒸压养护而成。具有质量轻、强度较高、可加工性好、施工方便、价格较低、保温隔热、节能效果好等优点	适用于低层建筑承重墙、多层建筑自承重墙、高层框架填充墙，以及建筑物内隔墙、屋面和墙体的保温隔热层等
蒸压粉煤灰加气混凝土屋面板	用经过防锈处理的 U 形钢筋网片、板端预埋件，与粉煤灰加气混凝土共同浇筑而成，具有质量轻、强度较高、整体刚度大、保温隔热、承重合一、抗震、节能效果好，施工方便、造价较低等优点	适用于建筑物的平屋面和坡屋面
加气混凝土隔墙板	带防锈防腐配筋。具有质量轻、强度较高、施工方便、造价较低、隔声效果好等优点	适用于建筑物分室和分户隔墙
加气混凝土外墙板	用经过防锈处理的 U 形钢筋网片、板端预埋件，与粉煤灰加气混凝土共同浇筑而成，具有质量轻、强度较高、整体刚度大、保温隔热、承重合一、抗震、节能效果好，施工方便、造价较低等优点	适用于建筑物外墙
加气混凝土集料空心砌块	以加气混凝土碎块作为集料，加水泥、粉煤灰和外加剂，制成空心砌块。具有质轻、施工方便、造价较低、保温隔热性能好等优点	适用于框架填充墙和隔墙

2. 蒸压加气混凝土砌块产品分类

（1）砌块的规格尺寸见表 1 - 31。

表 1 - 31　蒸压加气混凝土砌块的规格尺寸　　　　　　单位：mm

项目名称	指　标
长度 L	600
宽度 B	100、120、125 150、180、200
高度 H	200、240、250、300

注　如需要其他规格，可由供需双方协商解决。

（2）砌块按强度和干密度分级。强度级别有 A1.0、A2.0、A2.5、A3.5、A5.0、A7.5 和 A10 七个级别。干密度级别有 B03、B04、B05、B06、B07 和 B08 六个级别。

（3）砌块等级。砌块按尺寸偏差与外观质量、干密度、抗压强度和抗冻性分为优等品（A）、合格品（B）两个等级。

3. 蒸压加气混凝土砌块技术要求

（1）砌块的尺寸允许偏差和外观质量应符合表 1-32 的规定。

表 1-32　　　　　　　　　蒸压加气混凝土砌块尺寸偏差和外观

项　目		指　标	
		优等品（A）	合格品（B）
尺寸允许偏差	长 L	±3	±4
	宽 B	±1	±2
	高 H	±1	±2
缺棱掉角	最大尺寸/mm，≤	0	30
	最小尺寸/mm，≤	0	70
	大于以上尺寸的缺棱掉角个数/个，≤	0	2
裂纹长度	贯穿一棱二面的裂纹长度不得大于裂纹所在面的裂纹方向尺寸总和的	0	1/3
	任一面上的裂纹长度不得大于裂纹方向尺寸的	0	1/2
爆裂、黏模和损坏深度/mm，≤		10	30
平面弯曲		不允许	
表面疏松、层裂		不允许	
表面油污		不允许	

（2）砌块的抗压强度应符合表 1-33 的规定。

表 1-33　　　　　　　　　蒸压加气混凝土砌块的立方体抗压强度　　　　　　单位：MPa

强度等级	立方体抗压强度	
	平均值，≥	单组最小值，≥
A1.0	1.0	0.8
A2.0	2.0	1.6
A2.5	2.5	2.0
A3.5	3.5	2.8
A5.0	5.0	4.0
A7.5	7.5	6.0
A10.0	10.0	8.0

（3）砌块的干密度应符合表 1-34 的规定。

干密度级别		B03	B04	B05	B06	B07	B08
干密度	优等品（A）≤	300	400	500	600	700	800
	合格品（B）≤	325	425	525	625	725	825

表 1－34　　　　蒸压加气混凝土砌块的干密度　　　　单位：kg·m⁻³ — $kg \cdot m^{-3}$

（4）砌块的强度级别应符合表 1－35 的规定。

表 1－35　　　　蒸压加气混凝土砌块的强度等级

干密度级别		B03	B04	B05	B06	B07	B08
强度等级	优等品（A），≤	A1.0	A2.0	A3.5	A5.0	A7.5	A10.0
	合格品（B），≤	A1.0	A2.0	A2.5	A3.5	A5.0	A7.5

（5）砌块的干燥收缩、抗冻性和导热系数（干态）应符合表 1－36 的规定。

表 1－36　　　蒸压加气混凝土砌块干燥收缩、抗冻性和导热系数（干态）

干密度级别			B03	B04	B05	B06	B07	B08
干燥收缩值	标准法/(mm·m⁻¹)，≤		0.50					
	快速法/(mm·m⁻¹)，≤		0.80					
抗冻性	质量损失/%，≤		5.0					
	冻后强度/MPa，≥	优等品（A）	0.8	1.6	2.8	4.0	6.0	8.0
		合格品（B）			2.0	2.8	4.0	6.0
导热系数（干态）/(W·m⁻¹·K⁻¹)，≤			0.10	0.12	0.14	0.16	0.18	0.20

注　规定采用标准法、快速法测定砌块干燥收缩值，若测定结果发生矛盾不能判定时，则以标准法测定的结果为准。

1.3.4　粉煤灰混凝土小型空心砌块

粉煤灰混凝土小型空心砌块指以粉煤灰、水泥、各种轻重集料、水为主要组分（也可加入外加剂等）拌和制成的小型空心砌块，其中粉煤灰用量不应低于原材料质量的 20%，水泥用量不应低于原材料质量的 10%。

1. 分类和等级

（1）分类。按孔的排数分为单排孔、双排孔和多排孔三类。

（2）等级。

1）按砌块抗压强度分为 MU3.5、MU5.0、MU7.5、MU10.0、MU15.0 和 MU20.0 六个等级。

2）按砌块密度等级分为 600、700、800、900、1000、1200 和 1400 七个等级。

（3）粉煤灰应符合《用于水泥和混凝土中的粉煤灰》（GB/T 1596—2005）和《建筑材料放射性核素限量》（G73 6566—2010）的规定，对含水率不做规定，但应满足生产工艺要求粉煤灰用量应不低于原材料干质量的 20%，也不高于原材料干质量的 50%。

（4）各种集料的最大粒径不大于 10mm。

2. 技术要求

（1）主规格尺寸为 390mm×190mm×190mm，其他规格尺寸可由供需双方商定。尺寸允许偏差应符合表 1-37 的要求。

表 1-37　　　　　　　粉煤灰混凝土小型空心砌块尺寸偏差　　　　　单位：mm

项　目		指　标
尺寸允许偏差	长度 L	±2.0
	宽度 B	±2.0
	高度 H	±2.0
最小壁厚	用于承重墙体，≥	30
	用于非承重墙体，≥	20
肋厚	用于承重墙体，≥	25
	用于非承重墙体，≥	15

（2）粉煤灰混凝土小型空心砌块外观质量应符合表 1-38 的要求。

表 1-38　　　　　　　　粉煤灰混凝土小型空心砌块外观质量　　　　　单位：mm

项　目		指　标
缺棱掉角	个数，≤	2
	3 个方向投影的最小值	20
裂缝延伸投影的累计尺寸，≤		20
弯曲，≤		2

（3）粉煤灰混凝土小型空心砌块强度等级应符合表 1-39 的要求。

表 1-39　　　　　　　　　粉煤灰混凝土小型空心砌块强度等级　　　　　单位：MPa

强度等级	砌块抗压强度	
	平均值，≥	单块最小值，≥
MU3.5	3.5	2.8
MU5.0	5.0	4.0
MU7.5	7.5	6.0
MU10.0	10.0	8.0
MU15.0	15.0	12.0
MU20.0	20.0	16.0

（4）碳化系数应不小于 0.80；软化系数应不小于 0.80。

（5）干燥收缩率不应大于 0.06%。

（6）抗冻性应符合表 1-40 的要求。

使用条件	抗冻等级	质量损失率	强度损失率
夏热冬暖地区	F15		
夏热冬冷地区	F25	≤5	≤25
寒冷地区	F35		
严寒地区	F50		

（7）放射性应符合《建筑材料放射性核素限量》（GB 6566—2010）的要求。

1.3.5　填充墙砌体

1. 砌块

空心砖、加气混凝土砌块、轻集料混凝土小型空心砌块等材料的品种、规格、强度等级、密度须符合设计要求，规格应一致；砌块进场应有产品合格证书及出厂检测报告、试验报告单。施工时所用的小砌块的产品龄期不应小于 28d，宜大于 35d。

填充墙砌体砌筑前要求控制含水率的块材应提前 2d 喷水、洒水湿润。蒸压加气混凝土砌块砌筑时，应向砌筑面适量洒水。

2. 烧结空心砌块

（1）类别。按主要原材料分为黏土砌块（N）、页岩砌块（Y）、煤研石砌块（M）、粉煤灰砌块（F）。

（2）规格。砌体的外形为直角六面体，如图 1－2 所示，其长度、宽度、高度尺寸应符合下列要求：长：390mm，290mm；宽：240mm，190mm，180（175）mm，140mm，115mm；高：90mm。

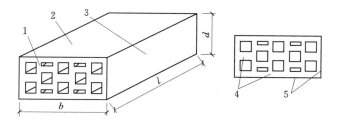

图 1－2　烧结空心砖
1—顶面；2—大面；3—条面；4—肋；5—壁；
l—长度；b—宽度；d—高度

（3）等级。

1）根据密度分为 800、900 和 1000 三个密度等级。

2）根据抗压强度分为 MU10、MU7.5、MU5.0、MU3.5 和 MU2.5 五个强度等级。

3）密度、强度和抗风化性能合格的砖和砌块，根据尺寸偏差、外观质量、孔洞及其结构、泛霜、石灰爆裂、吸水率分为优等品（A）、一等品（B）和合格品（C）三个质量等级。

（4）产品标记。砖和砌块的产品标记按产品名称、品种、密度级别、规格、强度级

25

别、质量等级和标准编号顺序编写。

示例1：优等品的页岩空心砖，其标记为

烧结空心砖 Y800(290×190×90)7.5A(GB 13545—2011)

示例2：规格尺寸 290mm×290mm×190mm、密度 1000 级、强度等级 MU2.5、一等品的黏土砖，其标记为

烧结空心砌块 N1000(290×290×190)2.5B(GB 13545—2011)

（5）技术要求。

1）尺寸允许偏差。尺寸允许偏差应符合表1-41的规定。

表 1-41 　　　　　　　　　　烧结空心砌块尺寸允许偏差　　　　　　　　　单位：mm

公称尺寸	优等品（A）		一等品（B）		合格品（C）	
	样本平均偏差	样本极差，≤	样本平均偏差	样本极差，≤	样本平均偏差	样本极差，≤
>300	±2.5	6.0	±3.0	7.0	±3.5	8.0
200～300	±2.0	5.0	±2.5	6.0	±3.0	7.0
100～200	±1.5	4.0	±2.0	5.0	±2.5	6.0
<100	±1.5	3.0	±1.7	4.0	±2.0	5.0

2）外观质量。砌块的外观质量应符合表1-42的规定。

表 1-42 　　　　　　　　　　烧结空心砌块外观质量　　　　　　　　　　　单位：mm

项　　目	优等品（A）	一等品（B）	合格品（C）
1）弯曲不大于	3	4	5
2）缺棱掉角的 3 个破坏尺寸不得同时大于	15	30	40
3）垂直度差	3	4	5
4）未贯穿裂纹			
①大面上宽度方向及其延伸到条面的长度不大于	不允许	100	120
②大面上长度方向或条面上水平方向的长度不大于	不允许	120	140
5）贯穿裂纹			
①大面上宽度方向及其延伸到条面的长度不大于	不允许	40	60
②壁、肋沿长度方向、宽度方向及其水平方向的长度不大于	不允许	40	60

注　凡有下列缺陷之一者，不能称为完整面：①缺陷在大面、条面上造成的破坏面尺寸同时大于 20mm×30mm；②大面、条面上裂纹宽度大于 1mm，其长度超过 70mm；③压陷、粘底、焦花在大面、条面上的凹陷或凸出超过 2mm，区域尺寸同时大于 20mm×30mm。

3）强度。强度应符合表1-43的规定。

表 1-43 烧结空心砌块强度级别

强度级别	抗压强度平均值 f，≥	变异系数 $\delta \leqslant 0.21$ 强度标准值 f，≥	变异系数 $\delta > 0.21$ 单块最小抗压强度值 f，≥
MU10	10	7.0	8.0
MU7.5	7.5	5.0	5.8
MU5.0	5.0	3.5	4.0
MU3.5	3.5	2.5	2.8
MU2.5	2.5	1.6	1.8

4）密度级别。密度级别应符合表 1-44 的规定。

表 1-44 烧结空心砌块密度级别　　　　　　　　　　单位：kg·m⁻³

密度级别	5 块密度平均值
800	≤800
900	801～900
1000	901～1000

5）孔洞及其结构。孔洞率和孔洞排数应符合表 1-45 的规定。

表 1-45 烧结空心砌块孔洞及其结构

等级	孔洞排数 宽度方向	孔洞排数 高度方向	孔洞率≥／%
优等品	≥7	≥2	
一等品	≥5	≥2	40
合格品	≥3	—	

6）吸水率。每组砖和砌块的吸水率平均值应符合表 1-46 的规定。

表 1-46 烧结空心砌块吸水率　　　　　　　　　　　　　　　　％

等级	分类 黏土砖和砌块、页岩砖和砌块、煤矸石砖和砌块，≤	分类 粉煤灰砖和砌块，≤
优等品（A）	16.0	20.0
一等品（B）	18.0	22.0
合格品（C）	20.0	24.0

注　粉煤灰掺入量（体积比）小于 30％时，按黏土砖和砌块规定判定。

7）抗风化性能。严重风化地区的砖和砌块必须进行冻融试验，其他地区砖和砌块的抗风化性能符合表 1-47 规定时可不做冻融试验，否则必须进行冻融试验。

8）产品中不允许有欠火砖、酥砖。

9）放射性物质。原材料中掺入煤矸石、粉煤灰及其他工业废渣的砌块，应进行放射性物质检测，放射性物质应符合《建筑材料放射性核素限量》（GB 6566—2010）的规定。

表 1-47　　　　　　　　　　　　　　烧结空心砌块抗风化性能

分　类	饱　和　系　数			
	严重风化区		非严重风化区	
	平　均　值	单块最大值	平　均　值	单块最大值
黏土砖和砌块	0.85	0.87	0.88	0.90
粉煤灰砖和砌块				
页岩砖和砌块	0.74	0.77	0.78	0.80
煤矸石砖和砌块				

3. 蒸压灰砂多孔砖

（1）产品规格。

1）蒸压灰砂多孔砖规格，见表 1-48。

表 1-48　　　　　　　　　　　　蒸压灰砂多孔砖的规格尺寸　　　　　　　　　　　单位：mm

项目名称	规格尺寸	
长度 L	240	240
宽度 B	115	115
高度 H	90	115

注　1. 经供需双方协商可生产其他规格的产品。

　　2. 对于不符合表 1-48 尺寸的砖，用长×宽×高的尺寸来表示。

2）孔洞采用圆形或其他孔形，孔洞应垂直于大面。

（2）产品等级。

1）根据抗压强度将强度级别分为 MU30、MU25、MU20 和 MU15 四个等级。

2）根据强度级别、尺寸偏差和外观质量将产品分为优等品（A）与合格品（C）。

（3）技术要求。

1）尺寸允许偏差、外观质量应符合表 1-49 的规定，孔洞排列上下左右应对称，分布均匀；圆孔直径不大于 22mm；非圆孔内切直径不大于 15mm；孔洞外壁厚度不小于 10mm；肋厚度不小于 7mm；孔洞率不小于 25%。

表 1-49　　　　　　　　　　　　蒸压灰砂多孔砖尺寸偏差和外观质量

项　　　目		指　　标			
		优等品		合格品	
		样本平均偏差	样本极差，≤	样本平均偏差	样本极差，≤
尺寸允许偏差	长 L/mm	±2.0	4	±2.5	6
	宽 B/mm	±1.5	3	±2.0	5
	高 H/mm	±1.5	2	±1.5	4
缺棱掉角	最大尺寸/mm，≤	10		15	
	大于以上尺寸的缺棱掉角个数/个，≤	0		1	

项　目		指　标			
		优等品		合格品	
		样本平均偏差	样本极差，≤	样本平均偏差	样本极差，≤
裂纹长度	大面宽度方向及其延伸到条面的长度/mm，≤	20		50	
	大面长度方向及其延伸到顶面或条面长度方向及其延伸到顶面的水平裂纹长度/mm，≤	30		70	
	大于以上尺寸的裂纹条数/条，≤	0		1	

2）抗压强度应符合表1-50的规定。

表1-50　　　　　　　　蒸压灰砂多孔砖抗压强度　　　　　　　　单位：MPa

强度等级	砌块抗压强度	
	平均值，≥	单块最小值，≥
MU30	30.0	24.0
MU25	25.0	20.0
MU20	20.0	16.0
MU15	15.0	12.0

3）抗冻性应符合表1-51的规定。

表1-51　　　　　　　　蒸压灰砂多孔砖的抗冻性指标

强度等级	冻后抗压强度/MPa 平均值，≥	砖的干质量损失/% 单块值，≤
MU30	24.0	
MU25	20.0	2.0
MU20	16.0	
MU15	12.0	

学习单元1.4　料　石　砌　体

1. 料石

料石也称条石，是由人工或机械开采出的较规则的六面体石块，是用来砌筑建筑物用的石料。

2. 分类

（1）料石按其加工后的外形规则程度可分为毛料石，粗料石，半细料石和细料石四种。

1）毛料石：外观大致方正，一般不加工或者稍加调整。料石的宽度和厚度不宜小于

200mm，长度不宜大于厚度的 4 倍，叠砌面和接砌面的表面凹入深度不大于 25mm。

2）粗料石：规格尺寸同上，叠砌面和接砌面的表面凹入深度不大于 20mm；外露面及相接周边的表面（叠砌面、接砌面和外露面相接处 20～30mm 范围内的部分）凹入深度不大于 20mm。

3）细料石：通过细加工，规格尺寸同上，叠砌面和接砌面的表面凹入深度不大于 10mm，外露面及相接周边的表面凹入深度不大于 2mm。

（2）料石按形状可分为条石、方石及拱石。

3. 应用

粗料石主要应用于建筑物的基础、勒脚、墙体部位，半细料石和细料石主要用作镶面的材料。

学习单元 1.5　砂　　浆

普通砂浆主要包括砌筑砂浆、抹灰砂浆、地面砂浆。砌筑砂浆、抹灰砂浆主要用于承重墙、非承重墙中各种混凝土砖、粉煤灰砖和黏土砖的砌筑和抹灰，地面砂浆用于普通及特殊场合的地面找平。特种砂浆包括保温砂浆、装饰砂浆、自流平砂浆、防水砂浆等，其用途也多种多样，广泛用于建筑外墙保温、室内装饰修补等。

1.5.1　砌筑砂浆

将砖、石、砌块等黏结成为砌体的砂浆称为砌筑砂浆。它起着传递荷载的作用，是砌体的重要组成部分。水泥砂浆宜用于砌筑潮湿环境以及强度要求较高的砌体；水泥石灰砂浆宜用于砌筑干燥环境中的砌体；多层房屋的墙一般采用强度等级为 M5 的水泥石灰砂浆；砖柱、砖拱、钢筋砖过梁等一般采用强度等级为 M5～M10 的水泥砂浆；砖基础一般采用不低于 M5 的水泥砂浆；低层房屋或平房可采用石灰砂浆；简易房屋可采用石灰黏土砂浆。

1. 组成材料

（1）水泥。水泥是砂浆的主要胶凝材料，常用的水泥品种有普通水泥、矿渣水泥、火山灰水泥、粉煤灰水泥和复合水泥等，可根据设计要求、砌筑部位及所处的环境条件选择适宜的水泥品种。水泥砂浆采用的水泥，其强度等级不宜大于 32.5 级；水泥混合砂浆采用的水泥，其强度等级不宜大于 42.5 级。如果水泥强度等级过高，则可加些混合材料。对于一些特殊用途，如配置构件的接头、接缝或用于结构加固、修补裂缝，应采用膨胀水泥。

（2）胶凝材料。用于砌筑砂浆的胶凝材料有水泥和石灰。水泥品种的选择与混凝土相同。水泥强度等级应为砂浆强度等级的 4～5 倍，水泥强度等级过高，将使水泥用量不足而导致保水性不良。石灰膏和熟石灰不仅是作为胶凝材料，更主要的是使砂浆具有良好的保水性。

（3）细骨料。细骨料主要是天然砂，所配制的砂浆称为普通砂浆。砂中黏土含量应不大于 5%；强度等级小于 M2.5 时，黏土含量应不大于 10%。砂的最大粒径应小于砂浆厚度的 1/4～1/5，一般不大于 2.5mm。作为勾缝和抹面用的砂浆，最大粒径不超过 1.25mm，砂的粗细程度对水泥用量、和易性、强度和收缩性影响很大。

（4）拌和用水。砂浆拌和用水与混凝土拌和水的要求相同，应选用无有害杂质的洁净水来拌制砂浆。

（5）基本要求。

1）砂浆拌和物的和易性应满足施工要求，且新拌砂浆体积密度：水泥砂浆不应小于 1900kg/m³；混合砂浆不应小于 1800kg/m³。砌筑砂浆的配合比一般查施工手册或根据经验而定。

2）砌筑砂浆的强度、耐久性应满足设计要求。

3）经济上应合理，水泥及掺合料的用量应较少。

2. 砌筑砂浆配合比设计

砌筑砂浆强度标准差 σ 按表 1-52 计算。

表 1-52　　　　　　　砌筑砂浆强度标准差 σ 选用表（JGJ/T 98—2010）　　　　单位：MPa

施工水平	M2.5	M5	M7.5	M10	M15	M20
优良	0.50	1.00	1.50	2.00	3.00	4.00
一般	0.62	1.25	1.88	2.50	3.75	5.00
较差	0.75	1.50	2.25	3.00	4.50	6.00

每立方米砌筑用水泥砂浆材料用量见表 1-53。

表 1-53　　　　　　　　每立方米砌筑用水泥砂浆材料用量　　　　单位：kg·m⁻³

强度等级	砂浆水泥用量	砂浆用砂量	砂浆用水量
M2.5～M5	200～230		
M7.5～M10	220～280	1m³ 砂的堆积密度值	270～330
M15	280～340		
M20	340～400		

3. 配合比试配、调整与确定

试配时应采用工程中实际使用的材料。水泥砂浆、混合砂浆搅拌时间不小于 120s；掺加粉煤灰或外加剂的砂浆，搅拌时间不小于 180s。按计算配合比进行试拌，测定拌和物的沉入度和分层度，若不能满足要求，则应调整材料用量，直到符合要求为止；由此得到的即为基准配合比。

检验砂浆强度时至少应采取三个不同的配合比，其中一个为基准配合比，另外两个配合比的水泥用量比基准配合比分别增加和减少 10%，在保证沉入度、分层度合格的条件下，可将用水量或掺合料用量作相应调整。三组配合比分别为成型、养护、测定 28d 砂浆强度，由此确定符合试配强度要求且水泥用量最低的配合比作为砂浆配合比。

砂浆配合比确定后，当原材料有变更时，其配合比必须重新通过试验确定。

4. 性能指标

性能指标包括砂浆的配合比、砂浆的稠度、砂浆的保水性、砂浆的分层度和砂浆的强度等级。

（1）砂浆配合比。指根据砂浆强度等级及其他性能要求而确定砂浆的各组成材料之间的比例。以重量比或体积比表示。

（2）砂浆稠度。指在自重或施加外力下，新拌制砂浆的流动性能。以标准的圆锥体自由落入砂浆中的沉入深度表示。

（3）砂浆保水性。指在存放、运输和使用过程中，新拌制砂浆保持各层砂浆中水分均匀一致的能力，以砂浆分层度来衡量。

（4）砂浆分层度。指新拌制砂浆的稠度与同批砂浆静态存放达规定时间后所测得下层砂浆稠度的差值。

（5）砂浆的强度等级。指用标准试件（70.7mm×70.7mm×70.7mm 的立方体）一组 6 块，用标准方法养护 28d，用标准方法测定其抗压强度的平均值（MPa）。

砌筑砂浆按抗压强度划分为 M15、M10、M7.5、M5.0、M2.5 等五个强度等级。砂浆的强度除受砂浆本身的组成材料及配比影响外，还与砌筑基层的吸水性能有关。

5. 拌制使用

砌筑砂浆应采用砂浆搅拌机进行拌制。砂浆搅拌机可选用活门卸料式、倾翻卸料式或立式，其出料容量常用 200L。

搅拌时间从投料完成算起，应符合下列规定：

1）水泥砂浆和水泥混合砂浆，不得小于 2min。

2）水泥粉煤灰砂浆和掺用外加剂的砂浆，不得小于 3min。

3）掺用有机塑化剂的砂浆，应为 3～5min。

拌制水泥砂浆，应先将砂与水泥干拌均匀，再加水拌和均匀。

拌制水泥混合砂浆，应先将砂与水泥干拌均匀，再加掺加料（石灰膏、黏土膏）和水拌和均匀。

掺用外加剂时，应先将外加剂按规定浓度溶于水中，在拌和水投入时投入外加剂溶液，外加剂不得直接投入拌制的砂浆中。

砂浆拌成后和使用时，均应盛入贮灰器中。如灰浆出现泌水现象，应在砌筑前再次拌和。

砂浆应随拌随用。水泥砂浆和水泥混合砂浆必须分别在拌成后 3h 和 4h 内使用完毕；当施工期间最高气温超过 30℃时，必须分别在拌成后 2h 和 3h 内使用完毕。对掺用缓凝剂的砂浆，其使用时间可根据具体情况延长。

6. 验收

砌筑砂浆试块强度验收时，其强度合格标准必须符合以下规定：同一验收批砂浆试块抗压强度平均值必须大于或等于设计强度等级所对应的立方体抗压强度；同一验收批砂浆试块抗压强度的最小一组平均值必须大于或等于设计强度所对应的立方体抗压强度的 0.75 倍。

注意：砌筑砂浆的验收批，同一类型、强度等级的砂浆试块应不少于 3 组，当同一验收批只有一组试块时，该组试块抗压强度的平均值必须大于或等于设计强度等级所对应的立方体抗压强度。砂浆强度应以标准养护，龄期 28d 的试块抗压试验结构为准。

（1）抽样数量。每一检验批且不超过 250m³ 砌体的各种类型及其强度等级的砌筑砂浆，每台搅拌机应至少抽检一次。

（2）检验方法。在砂浆搅拌机出料口取样制作砂浆试块（同盘砂浆只应制作一组试块），最后检查试块强度实验报告单。当施工中或验收时出现以下情况，可采用现场检验方法对砂浆和砌体强度进行原位检测或取样检测，并判定其强度：

1）砂浆试块缺乏代表性或试块数量不足。

2）对砂浆试块的实验结果有怀疑或有争议。

3）砂浆试块的试验结果，不能满足设计要求。

1.5.2 预拌砂浆

1. 发展预拌砂浆的重要性

我国传统的建筑砂浆生产是在现场由施工单位自行拌制而成，其缺陷也日益显示出来，如砂浆质量不稳定、材料浪费大、砂浆品种单一、文明施工程度低以及污染环境等，这些因素促进了预拌砂浆的发展。

预拌砂浆是近年来随着建筑业科技进步和文明施工要求发展起来的新型建筑材料，它具有产品质量高、品种全、生产效率高、使用方便、对环境污染小、便于文明施工等优点，它可大量利用粉煤灰等工业废渣，并可促进推广应用散装水泥。

预拌砂浆在品质、效率、经济和环保等方面的优越性，随着研究开发和推广应用已日益显示出来，正被人们所逐步认识。正如混凝土实现商品化一样，砂浆商品化是国际发展潮流，也是建筑业发展到一定水平的标志。因此，逐步取消现场拌制砂浆，采用工业化生产的预拌砂浆势在必行。目前我国已经开始积极推广应用预拌砂浆，使用量正在逐年迅速增长。因此，推广使用预拌砂浆是减少城市污染、改善大气环境、节约资源、发展散装水泥、提高建筑工程质量、促进建筑技术进步、实现可持续发展的一项重要举措。

2. 预拌砂浆发展中存在的问题

（1）价格较高。为了改善砂浆性能以及满足工程需要，预拌砂浆中常常需要掺入保水增稠材料、外加剂、添加剂等材料，而这些材料的价格要比水泥、砂贵得多，且干混砂浆用砂需经过筛分、烘干处理，导致预拌砂浆的成本要高于现场拌制砂浆，这就使得用户对使用预拌砂浆可能产生一定的抵触心理。我国劳动力成本普遍较低，建筑商也不愿意自主选择使用预拌砂浆。这一点与国外不同，国外用户使用干混砂浆的原因主要在于对建筑高质量的需求，而且国外劳动力成本高，用户也愿意选择使用干混砂浆。因此，价格是制约预拌砂浆推广的一个重要因素。实际上，人们在比较成本时，往往只考虑了原材料成本，而忽略了预拌砂浆带来的高品质，以及使用预拌砂浆在减少施工现场污染、减少材料浪费、改善环境、加快施工进度、减少建筑物的维修率、延长服役期和使用寿命等方面产生的综合效应。

（2）宣传力度不够。预拌砂浆在我国属于新生事物，大多数人还不了解其特点和优点，甚至有些施工人员对使用预拌砂浆还有抵触情绪，在一定程度上阻碍了预拌砂浆的推广。

（3）施工水平落后。我国劳动力低廉，目前建筑施工仍以手工作业为主，现代化的施工机具还没有广泛应用，造成施工效率低、施工质量稳定性差，制约了预拌砂浆施工应用技术的发展。

（4）技术装备水平低。目前我国预拌砂浆生产企业的设备状况大体可分为两类：一类是全套进口的生产线。这类企业生产设备较先进，产品质量较稳定，但其一次性投资较大。如投资一条年产 10 万 t 干混砂浆的生产线，全部引进国外的生产设备与技术，大约需要 2000 万～3000 万元，此外还要考虑塔式厂房所需要的钢结构、储气罐或储油罐、原料的装卸、搬运产品的叉车等辅助设备。由于投资较大，一般企业难以承受；另一类是国产设备，但国产设备实际使用中设备故障率高、维修量大，生产效率和混合质量较低。

由于生产设备的不完善，产品的稳定性一般较前一类企业差，产品质量一般也较差些。目前，除少数从国外引进先进设施的企业外，前期投产的国内绝大多数干混砂浆企业采用的是国产设备。

3. 预拌砂浆的优越性

预拌砂浆的优越性可以简单概括为一多、二快、三好、四省。

一多是指砂浆的品种多。欧洲的预拌砂浆产品已经达到几百种，包括砌筑、抹灰、黏结、修补、装饰等几大类砂浆，每类又有几个到几十个品种。在我国，有产品标准的砂浆大约有 20 个品种。随着预拌砂浆在我国的快速发展以及研究领域的不断深入，更多、功能更强的新品种砂浆将不断被开发、应用。而配制这些具有不同功能、不同用途的砂浆需要专门的技术和专业技术人员，只有专业化砂浆生产厂家才可能实现。

二快是指备料快、施工快。湿拌砂浆由工厂运到现场后储存在专用容器中，随用随取；预拌砂浆使用时只需加水或配套液体搅拌即可，且能根据使用量、施工速度调整搅拌量。而现场拌制砂浆需要购置原材料，还要有足够的场地堆放，施工时还要分别计量、搅拌，费时、费工，且效率低，进度慢。

三好是指保水性好、和易性好、耐久性好。预拌砂浆是由具有丰富经验的专业技术人员根据工程需要而研制的，砂浆的品质得到了保证，另外，砂浆采用专业设备进行配制，保证了砂浆配料准确，混合均匀。而现场拌制砂浆缺乏有经验的专业技术人员管理，且管理水平落后，难以保证砂浆的质量。

四省是省工、省料、省钱、省心。预拌砂浆备料快、施工快，可大幅度降低工时；配料合理，可避免不必要的材料浪费；生产专业化，产品质量好，既可避免现场拌制时的材料浪费，又可避免因质量问题造成的返工，还可减少后期的维修费用，虽然预拌砂浆的单方成本增加，但综合成本减少；预拌砂浆备料、施工简便，且质量好，比现场拌制砂浆省心。

此外，预拌砂浆节省原材料堆放场地，减少环境污染、便于文明施工，大量利用粉煤灰等工业废弃物，节约资源，推广应用散装水泥等。

4. 预拌砂浆与现场拌制砂浆的比较

现场拌制砂浆所用原材料品种单一，且采用人工配料、自由落体式搅拌机搅拌，因此砂浆性能较差且质量不稳定，空鼓、开裂、脱落现象非常普遍；现场拌制砂浆属劳动密集型、手工作坊式生产，生产效率低，产品单一，投资虽小，但产品质量不稳定；现场堆放原材料，占用土地，生产过程中产生废水、废物、噪音，既污染环境，又不利于文明施工，属于逐步淘汰的生产方式。

预拌砂浆是工厂化生产的砂浆，有专业技术人员进行砂浆的研发工作，可根据工程需要随时调整砂浆的性能，砂浆质量得以保证。通常砂浆中掺有较多的外加剂、添加剂等，从根本上改善了砂浆的性能，且砂浆品种多、功能齐全。另外，砂浆配料采用自动化、微机化控制，产品质量稳定可靠。由此可见，预拌砂浆不是简单地从现场移到工厂生产，预拌砂浆是高质量的砂浆，推广预拌砂浆是建筑施工技术进步的一项重要技术经济措施，是保证建筑工程质量、提高建筑施工现代化水平、促进文明施工的一项重要技术手段。

另外，预拌砂浆可以使用建筑垃圾、煤矸石、钢渣等工业固体废弃物制造成的人工机制砂代替天然砂，可节约天然资源，且对产品品质无不良影响，还可消纳粉煤灰等工业废弃物，这样既可以利废，又可以减少环境破坏，达到节能减排的目的。

5. 预拌砂浆的分类

预拌砂浆分为湿拌砂浆和干混砂浆两大类。

（1）湿拌砂浆。湿拌砂浆包括湿拌砌筑砂浆、湿拌抹灰砂浆、湿拌地面砂浆、湿拌防水砂浆。

（2）干混砂浆。干混砂浆包括普通干混砂浆（干混砌筑砂浆、干混抹灰砂浆、干混地面砂浆、干混普通防水砂浆）和特种干混砂浆（干混瓷砖黏结砂浆、干混耐磨地坪砂浆、干混界面处理砂浆、干混特种防水砂浆、干混自流平砂浆、干混灌浆砂浆、干混外保温黏结砂浆、干混外保温抹面砂浆、干混聚苯颗粒保温砂浆、干混无机集料保温砂浆）。

6. 预拌砂浆的特点

（1）湿拌砂浆的优缺点。

1）优点：湿拌砂浆运到工地后可直接使用，不需加工，但砂浆应储存在密闭容器中；湿拌砂浆是在专业生产厂制备完成的，有利于砂浆质量的控制和保证；原材料选择余地较大，集料可采用干料，也可采用湿料，且不需烘干因而可降低成本；可大量掺用粉煤灰等工业废渣，以及采用钢渣、工业尾矿等一般工业固体废物制造的人工机制砂，即可节约资源，又可降低砂浆成本；另外，还可提高散装水泥的使用量；施工现场环境好，污染少。

2）缺点：因湿拌砂浆是在专业生产厂加水搅拌好的，且一次运送量较多，不能根据施工进度、使用量灵活掌握，且湿拌砂浆运到现场后需储存在密闭容器中，现场需设置灰池；因湿拌砂浆在现场储存的时间相对较长，因此对砂浆和易性、凝结时间及工作性能的稳定性有一定的要求；运输时间受交通条件的制约。

（2）干混砂浆的优缺点。

1）干混砂浆的优点。

a. 砂浆品种多；质量优良，品质稳定；使用方便、灵活，储存时间较长。干混砂浆是在现场加水（或配套液体）搅拌而成，因此可根据施工进度、使用量多少灵活掌握，不受时间限制，使用方便。砂浆运输比较方便，可集中起来运输，受交通条件的限制较小。储存期长。

b. 经济效益显著。在保证质量的前提下，砂浆的厚度可以减薄，省料。可减少物料在运输和使用中的损耗。据统计，现场拌制砂浆的损耗约为 20%，湿拌砂浆约为 5%～

10%，干混砂浆为 3%～5%。预拌砂浆符合我国全面建设节约型社会的要求。干混砂浆质量优于现场拌制砂浆，它可显著减少工程维修保养费用。据预测，使用 50 年后，用干混砂浆施工的抹面工程，其初建和期间维修的总费用仅是传统抹灰砂浆 1/20。使用干混砂浆可提高工效 5～6 倍。在当前劳动力价格大幅上涨的情况下，使用干混砂浆减员增效的优越性尤为重要。

c. 节能减排效果显著。干混砂浆不仅提高劳动生产率，而且有利于提高劳动保护，体现以人为本。按传统现场拌制砂浆的生产方式，从原材料准备到生产都使用人工操作，不仅劳动强度大、效率低下，而且劳动生产条件恶劣，大量粉尘弥漫作业现场，有害气体严重影响劳动者身心健康。使用湿拌和散装干混砂浆后从生产到流通的全过程几乎都是在密闭状态下机械化操作，对劳动者基本不存在健康危害。另外，以上海地区为例，上海地区的干混砂浆采用砂浆稠化粉和粉煤灰双掺技术可节约水泥，不用石灰所节省的能耗大于砂的烘干及干混砂浆的生产能耗，每生产 1t 干混砂浆较现场拌制砂浆可节约水泥 57kg、石灰 41.4kg、砂 25.9kg，利用粉煤灰 100kg，节能 9kg 标煤，减少二氧化碳排放 134kg。如果用再生资源取代部分河砂，则可节约砂 200kg。上海地区若使用 1500 万 t 干混砂浆，可节约水泥 86 万 t、石灰 62 万 t、砂 38 万 t，利用粉煤灰 150 万 t，节能 13.5 万 t 标煤，减排二氧化碳 201 万 t，减少扬尘 3 万 t，节能减排效果显著。

2）干混砂浆的缺点。

a. 干混砂浆生产线的一次投资较大，散装罐和运输车辆的投入也较大，所以干混砂浆价格肯定要比现场拌制砂浆贵。

b. 原材料的选择受到一定的限制。因干混砂浆是由干态原料混合而成的，故对原材料的含水率有较高的要求，尤其是细集料必须经过干燥处理，这样就导致生产成本的增加。另外，液体组分的使用也受到限制，如外加剂、添加剂等，必须使用粉剂，而不能使用液剂，通常固体外加剂的价格比液体外加剂贵，就使原材料的成本增加。

c. 干混砂浆是由施工单位在现场加水搅拌制得的，而用水量与搅拌的均匀度对砂浆性能有一定的影响。施工企业缺乏砂浆方面的专业技术人才，不利于砂浆的质量控制。

d. 散装干混砂浆在储存或气力输送过程中，容易造成物料分离，导致砂浆不均匀，影响砂浆的质量。

e. 工地需配备足够的存储设备和搅拌系统。砂浆品种越多，所需的存储设备越多。如储罐密封不好，可能会产生扬尘，造成环境污染。

（3）湿拌砂浆与干混砂浆的异同。

相同点为：

1）均由专业生产厂生产供应。

2）有专业技术人员进行砂浆配合比设计、配方研制以及砂浆质量控制，从根本上保证了砂浆的质量。

不同点有以下几方面：

1）砂浆状态及存放时间不同。

2）湿拌砂浆是将包括水在内的全部组分搅拌而成的湿拌拌和物，可在施工现场直接使用，但需在砂浆凝结之前使用完毕，最长存放时间不超过 24h；干混砂浆是将干燥物料混合均匀的干混混合物，以散装或袋装形式供应，该砂浆需在施工现场加水或配套液体搅拌均匀后使用。

3）干混砂浆储存期较长，通常为 3 个月或 6 个月。

4）生产设备不同。目前湿拌砂浆大多由混凝土搅拌站生产，而干混砂浆则由专门的混合设备生产。

5）品种不同。由于湿拌砂浆采用湿拌的形式生产，不适于生产黏度较高的砂浆，因此砂浆品种较少，目前只有砌筑、抹灰、地面等砂浆品种；而干混砂浆生产出来的是干状物料，不受生产方式限制，因此砂浆品种繁多，但原材料的品种要比湿拌砂浆多很多，且复杂得多。砂的处理方式不同，湿拌砂浆用砂不需烘干，而干混砂浆用砂需经烘干处理。

6）运输设备不同。湿拌砂浆要采用搅拌运输车运送，以保证砂浆在运输过程中不产生分层、离析；散装干混砂浆采用罐车运送，袋装干混砂浆采用汽车运送。

（4）预拌砂浆的符号和标记。预拌砂浆的符号见表 1-54～表 1-56。

表 1-54　　　　　　　　　　　湿拌砂浆符号

品种	湿拌砌筑砂浆	湿拌抹灰砂浆	湿拌地面砂浆	湿拌防水砂浆
符号	WM	WP	WS	WW

表 1-55　　　　　　　　　　　干混砂浆符号

品种	干混砌筑砂浆	干混抹灰砂浆	干混地面砂浆	干混普通防水砂浆
符号	DM	DP	DS	DW

表 1-56　　　　　　　　　　特种干混砂浆符号

品种	干混瓷砖黏结砂浆	干混耐磨地坪砂浆	干混界面处理砂浆	干混特种防水砂浆	干混自流平砂浆
符号	DTA	DFH	DIT	DWS	DSL
品种	干混灌浆砂浆	干混外保温黏结砂浆	干混外保温抹面砂浆	干混聚苯颗粒保温砂浆	干混无机集料保温砂浆
符号	DGR	DEA	DBI	DPG	DTI

普通干混砂浆和特种干混砂浆标记不同，具体方式如下：

1）普通干混砂浆的标记：

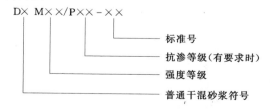

标准号
抗渗等级（有要求时）
强度等级
普通干混砂浆符号

如干混砌筑砂浆的强度等级为 M10，其标记为 DM M10 - JG/T230 - 2007，干混普通防水砂浆的强度等级为 M15，抗渗要求为 P8，其标记为 DW M15/P8 - JG/T230 - 2007。

2）特种干混砂浆的标记：

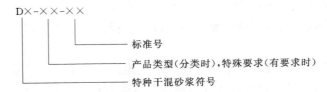

如干混灌浆砂浆标记为 DGR - JG/T230 - 2007，Ⅰ型干混界面处理砂浆标记为 DIT - Ⅰ - JG/T230 - 2007。

（5）预拌砂浆的性能指标见表 1 - 57 和表 1 - 58。

表 1 - 57 　　　　　　　　　　　　湿 拌 砂 浆 性 能 指 标

项　　目	湿拌砌筑砂浆	湿拌抹灰砂浆		湿拌地面砂浆	湿拌防水砂浆
强度等级	M5、M7.5、M10、M15、M20、M25、M30	M5	M10、M15、M20	M15、M20、M25	M10、M15、M20
稠度/mm	50、70、90	70、90、110		50	50、70、90
凝结时间/h	≥8、≥12、≥24	≥8、≥12、≥24		≥4、≥8	≥8、≥12、≥24
保水性/%	≥88	≥88		≥88	≥88
14d 拉伸黏结强度/MPa	—	≥0.15	≥0.20	—	≥0.20
抗渗等级	—	—		—	P6、P8、P10

表 1 - 58 　　　　　　　　　　　　普 通 干 混 砂 浆 性 能 指 标

项　　目	干混砌筑砂浆	干混抹灰砂浆		干混地面砂浆	干混普通防水砂浆
强度等级	M5、M7.5、M10、M15、M20、M25、M30	M5	M10、M15、M20	M15、M20、M25	M10、M15、M20
凝结时间/h	3～8	3～8		3～8	3～8
保水性/%	≥88	≥88		≥88	≥88
14d 拉伸黏结强度/MPa	—	≥0.15	≥0.20	—	≥0.20
抗渗等级	—	—		—	P6、P8、P10

学习项目2 施 工 机 具 认 知

学习单元2.1 砌 筑 工 具

砌筑工是一项以手工操作为主的技术工种。砌筑用手工工具品种很多，用途广泛，对不同的砌筑工艺，应该选择相应的手工工具，这样才能够提高工效，保证砌筑质量。以下是几种常见的手工工具。

1. 砖刀

砖刀用于摊铺砂浆、砍削砖块、打灰条，如图2-1所示。

2. 大铲

大铲用于铲灰、铺灰和刮浆的工具，也可以在操作中用它随时调和砂浆。大铲以桃形居多，也有长三角形和长方形的。它是实施"三一"（一铲灰、一块砖、一揉挤）砌筑法的关键工具，如图2-2所示。

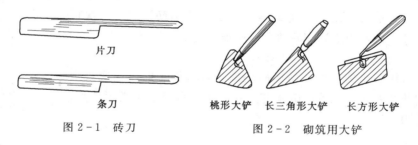

片刀

条刀

图2-1 砖刀

桃形大铲 长三角形大铲 长方形大铲

图2-2 砌筑用大铲

3. 摊灰尺

摊灰尺用不易变形的木材制成。操作时放在墙上作为控制灰缝及铺砂浆用，如图2-3所示。

4. 镑刨

镑刨是用来打砍砖块的工具，也可以当作小锤与大铲配合使用。

5. 溜子

溜子又叫灰匙、勾缝刀，一般以φ8钢筋打扁制成并装上木柄，通常用于清水墙的勾缝。用0.5~1mm厚的薄钢板制成的较宽的溜子，则用于毛石墙的勾缝，如图2-4所示。

图2-3 摊灰尺

图2-4 溜子

6. 灰板

灰板又叫托灰板，在勾缝时，用它承托砂浆。

7. 抿子

抿子用 0.8～1mm 厚的钢板制成，并铆上执手，安装木柄成为工具，可用于石墙的抹缝、勾缝，如图 2-5 所示。

8. 筛子

筛子主要用于筛砂。筛孔直径有 4mm、6mm、8mm 等数种。主要有立筛、小方筛，如图 2-6 所示；勾缝需用细砂时，可利用铁窗纱钉在小木框上制成小筛子。

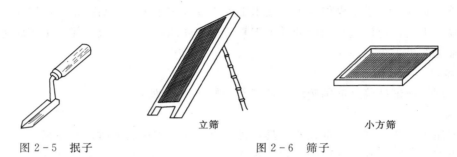

立筛　　　　　　　　　小方筛

图 2-5　抿子　　　　　　　　图 2-6　筛子

9. 砖夹

砖夹是施工单位自制的夹砖工具。可用 $\phi 16$ 钢筋锻造，一次可以夹起 4 块标准砖，用于装卸砖块。砖夹使用方法如图 2-7 所示。

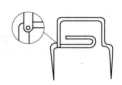

10. 砖笼

砖笼是采用塔吊施工时，吊运砖块的工具。施工时，在底板上先码好一定数量的砖，然后把砖笼套上并固定，再起吊到指定地点，如此周转使用。

11. 灰槽

灰槽用 1～2mm 厚的黑铁皮制成，供存放砂浆用。现在常用的还有塑料灰桶。

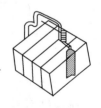

图 2-7　砖夹使用方法

12. 其他

如橡皮水管、大水桶、灰铺、灰勺、钢丝刷及扫帚等。

学习单元 2.2　质量检测工具

1. 钢卷尺

钢卷尺主要用来量测轴线尺寸、位置及墙长、墙厚，以及门窗洞口的尺寸、留洞位置尺寸等。

2. 托线板

托线板用于检查墙面垂直度和平整度。有木制的，也有铝制商品，标准长度为 2m。实际工程砌筑中，为了方便操作，托线板的长度为 1.2～1.5m，如图 2-8 所示。

托线板的两边必须平直，且两边应相互平行，中间的墨斗线必须与两边平行。否则不能使用。

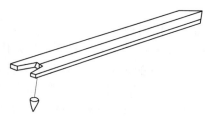

图 2-8 托线板

用托线板检查垂直度时，用一边紧贴墙面，托线板稍向前倾，使线锤线稍离开托线板，使线锤能自由摆动，在线锤稳定后，看线锤线是否与墨斗线重合来判断其垂直度，若重合则垂直，否则就不垂直。

3．线锤

线锤吊挂垂直度用，主要与托线板配合使用。

4．塞尺

塞尺与托线板配合使用，以测定墙、柱的平整度的偏差，如图 2-9 所示。塞尺上每一格表示厚度方向 1mm，使用时，托线板一侧紧贴于墙或要、柱面上，墙或柱面与托线板间产生一定的缝隙，于是用塞尺轻轻塞进缝隙，塞进的格数就表示墙面或柱面平整度偏差的数值。

5．百格网

百格网是用于检查砌体水平灰缝砂浆饱满度的工具，如图 2-10 所示。可用铁丝编制锡焊而成，也可在有机玻璃上画格而成。其规格为一块标准砖的大面尺寸，即 240mm×115mm，将其长宽方向各分成 10 格，画成 100 个小格，故称百格网。检查时，掀起砖块，用百格网检查砖底面与砂浆的接触痕迹的面积，以百分数表示，水平灰缝的砂浆饱满度应不低于 80%。

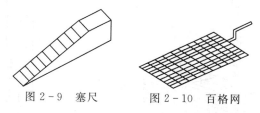

图 2-9 塞尺　　　　图 2-10 百格网

6．准线

准线是砌墙时拉的细线，一般使用直径为 0.5～1mm 的小白线、麻线、尼龙线或弦线等，用于砌体砌筑时拉水平用，检测时可用来检查水平灰缝的平直度。

7．水平尺

水平尺用来检查砌体对水平位置的偏差。以铁和铝合金制成，中间镶嵌玻璃水准管，如图 2-11 所示。

8．方尺

方尺用于检查砌体转角的方正程度。用木材或金属制成边长为 200mm 的直角尺，有阴角和阳角两种，如图 2-12 所示。

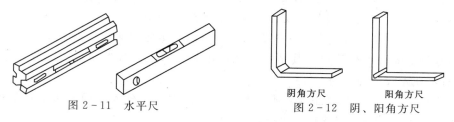

图 2-11 水平尺　　　　阴角方尺　　　阳角方尺
图 2-12 阴、阳角方尺

9. 皮数杆

皮数杆是砌筑砌体在高度方向的基准，分为基础用和地上用两种。

（1）基础用皮数杆。基础用皮数杆比较简单，一般使用30mm×30mm的方木杆，由现场施工员绘制。一般在进行条形基础施工时，先在要立皮数杆的地方预埋一根小木桩，到砌筑基础墙时，将画好的皮数杆钉到小木桩上（图2-13）。皮数杆顶应高出防潮层的位置，皮数杆上还要画出砖皮数、地圈梁、防潮层等的位置，并标出高度和厚度。皮数杆上的砖层还要按顺序编号。画到防潮层底的标高处，砖层必须是整皮数。如果条形基础垫层表面不平，可以在一开始砌砖时就用细石混凝土找平（图2-14）。

（2）地上用皮数杆：±0.000以上的皮数杆，也称大皮数杆。5cm×5cm的小木杆，一般由施工技术人员经计算排画，标注出砖皮数、窗台、窗顶、预埋件、拉结筋、圈梁等的位置，经质量检验人员检测合格后方可使用。皮数杆的设置要根据房屋大小和平面复杂程度而定，一般要求转角处和施工段分界处应设立皮数杆；当一道墙身较长时，皮数杆的间距要求不大于20m。如果房屋构造比较复杂，皮数杆应该编号并对号。

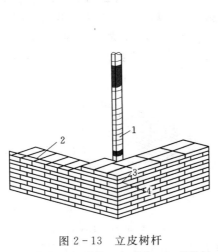

图2-13 立皮树杆

1—皮树杆；2—准线；3—竹片；4—圆铁钉

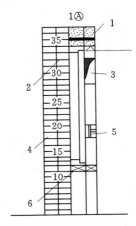

图2-14 皮树杆

1—圈梁；2—拉结筋；3—留洞；4—砖层皮数；5—预埋件；6—窗台

10. 激光水平仪

激光水平仪是将激光装置发射的激光束导入水准仪的望远镜筒内，使其沿视准轴方向射出的水平仪，其原理是先设置一个水平面，并在这个水平面上扫设激光，然后用接收靶接收，当接收靶的中心与标高一致时读出标高。

（1）激光水平仪的分类。目前市面上的激光水平仪从光线的颜色上分为红光、绿光和蓝光，每种又分为2线、3线和5线，更多的有8线、12线。

1）光的颜色分类。红色光线（图2-15），目前基本已经淘汰，很多商家为了清理库存，售价很低。原因也很简单，其精度太低，相对于绿光、蓝光而言，会散光，宽度在2mm左右，在光线足的室外不好用。

绿色光线（图2-16）是主流，不管是室内还是室外，绿光的激光水平仪都很适用，解决了施工水平的难题，它的宽度也在2mm左右。

图 2-15　红色光线

图 2-16　绿色光线

蓝色光线（图 2-17），全名叫欧司朗蓝光。它的特点就是细，宽度大约在 1.5mm 左右，在室内的效果比较好。

图 2-17　蓝色光线

2）线的数目分类。根据线的数目，基本可以分为两大类：一种是 2 线、3 线和 5 线的叫绿光水平仪（图 2-18）；另一种是 8 线和 12 线的叫 3D 水平仪，又叫贴墙仪（图 2-19）。

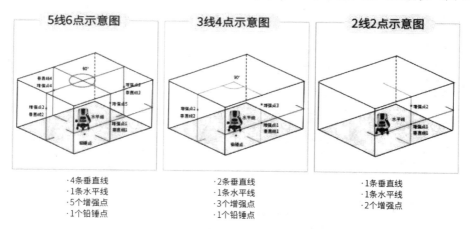

图 2-18　2 线、3 线和 5 线的区别

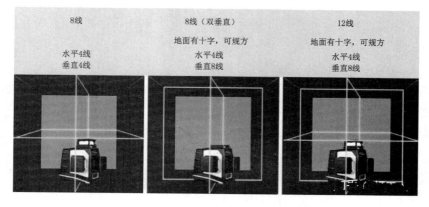

图 2-19　8 线和 12 线的区别

（2）激光水平仪的用法。首先要确定施工的中心点，在开启水平仪电源的同时打出激光线的水平线和垂直线。然后在调整适中的高度和平行点后，从激光线上找到交叉点，将其作为中心点来标记好，用 A 来代表。根据这个中心点旋转水平仪，从中规划出 B、C、D 三个线点，即可开始作业。

学习单元 2.3 砂浆搅拌机

砂浆搅拌机是砌筑工程中的常用机械，用来制备砌筑和抹灰用的砂浆。常用规格是 $0.2m^3$ 和 $0.325m^3$，台班产量为 $18\sim26m^3$。目前常用的砂浆搅拌机有倾翻出料式 HJ - 200 型、HJ_1 - 200B 型和活门式的 HJ - 325 型。

学习项目3 砌 筑 工 艺

学习单元3.1 普通砖砌体的组砌方法

砖在砌体内按一定的规律放置，称为组砌。组砌形式的确定应考虑：搭接牢靠、受力性能好；上下层砖应错缝；砍砖少、操作方便。砖砌体砌筑前，应预先确定好组砌形式。

3.1.1 砖与灰缝

1. 砌体中各砍砖的名称

砖在砌筑时，为了错缝，有的要砍成不同的尺寸，可以分为"七分头"、"半砖"、"二寸条"和"二寸头"，如图3-1所示。

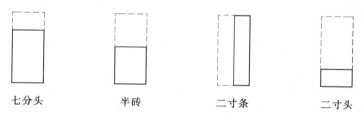

| 七分头 | 半砖 | 二寸条 | 二寸头 |

图3-1　砍砖的名称

2. 砌体内砖的分类

（1）砌体内砖依据砌筑方向的不同可分为顺砖与丁砖，如图3-2所示。顺砖为长度方向平行墙的轴线的砖。丁砖为长度方向垂直墙的轴线的砖。

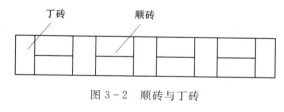

图3-2　顺砖与丁砖

（2）砖在砌体内的位置可分为卧砖、斗砖和立砖。

（3）灰缝（砖与砖之间的缝）可分水平缝（水平方向的缝）和竖直缝（垂直方向的缝）。

3.1.2 砖墙的组砌原则

1. 上下错缝、内外搭接

为保证砌体搭接牢靠和整体受力，要求上下皮砖至少错缝1/4砖长（即60mm），一般上下顺、丁砖层错开1/4砖长，上下顺砖层错开1/2砖长。

2. 灰缝厚度

水平灰缝应通过皮数杆及准线控制，厚度为10mm。竖缝根据砌砖经验来把握，一般也为10mm。水平和竖直灰缝可在8～12mm范围内调整。

墙体高度的控制：按施工现场 16 线砖高为 1m 计，则一皮砖加一灰缝的高度为 1000mm/16＝62.5mm，每线砖的灰缝厚度为 62.5－53＝9.5mm。

3. 墙体之间应可靠连接

相互连接的墙体应同时砌筑，如果不能同时砌筑，应在先砌的墙上留槎，后砌的墙要镶入槎内。留槎形式有斜槎和直槎，如图 3-3 和图 3-4 所示。

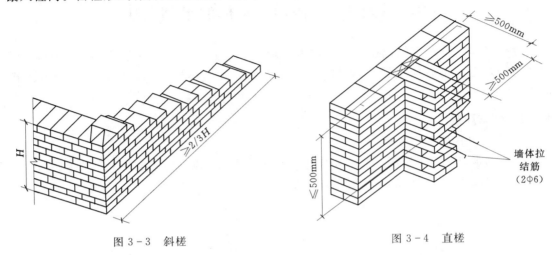

图 3-3　斜槎　　　　　　　　　　　　图 3-4　直槎

3.1.3　排砖计算（普通砖）

1. 墙面排砖

墙长为 L，单位 mm，一个立缝宽按 10mm，如图 3-5 所示。

丁行砖数 $n＝(L+10)/125$，当 $L＝1355mm$ 时，$n＝(1365+10)/125＝11$（匹）。

条行整砖数 $N＝(L-365)/250$ 当 $L＝1355$ 时，两端错缝各用一个七分头，$N＝(1355-375)/250＝4$（匹）。

2. 门窗洞口上下排砖

丁行砖数 $n＝(B-10)/125$；条行整砖数 $N＝(B-135)/250$。

3. 计算立缝宽度

立缝宽度应在 8～12mm 之内如图 3-6 所示。

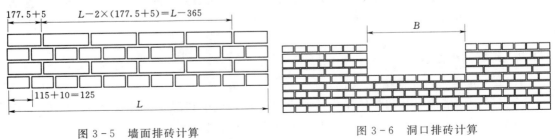

图 3-5　墙面排砖计算　　　　　　　　图 3-6　洞口排砖计算

3.1.4　组砌方法

一般采用一顺一丁、三顺一丁、全顺、全丁、梅花丁排砖法。砖砌体的转角处和内外

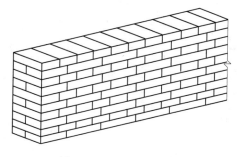

图 3-7　一顺一丁砌法

墙体交接处应同寸砌筑，当不能同时砌筑时，应按规定留槎，上下错缝，并做好接槎处理。应采用"三一"砌筑法（即一铲灰、一块砖、一挤）。严禁采用水冲灌缝的方法。

（1）一顺一丁砌法。这种砌法效率较高，用于砖的价格比较一致时使用，如图 3-7 所示。

（2）梅花丁砌法。这种砌法用于砖的规格不一致时，砌法美观，灰缝整齐，但砌筑效率较低，如图 3-8 所示。

（3）三顺一丁砌法。适用于砌一砖半以上的墙，砌筑效率较高，如图 3-9 所示。

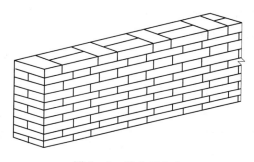

图 3-8　梅花丁砌法

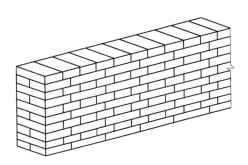

图 3-9　三顺一丁砌法

（4）两平一侧砌法。适用于砌筑 3/4 砖墙，如图 3-10 所示。

（5）全顺法砌法。适用于砌筑 1/2 砖墙，如图 3-11 所示。

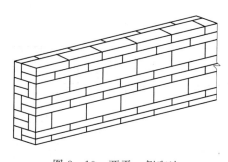

图 3-10　两平一侧砌法

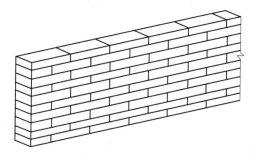

图 3-11　全顺砌法

3.1.5　柱、垛排砖原则

1. 砖柱的砌法

砖柱无论哪种砌法，均应使柱面上、下皮砖错缝搭接，柱心无通缝，如图 3-12 和图 3-13 所示。

2. 附墙垛的砌法

附墙垛的砌法要根据墙厚及垛的大小来确定，无论哪种砌法都要求垛与墙体错缝搭接，搭接长度至少为半砖长，如图 3-14 和图 3-15 所示。

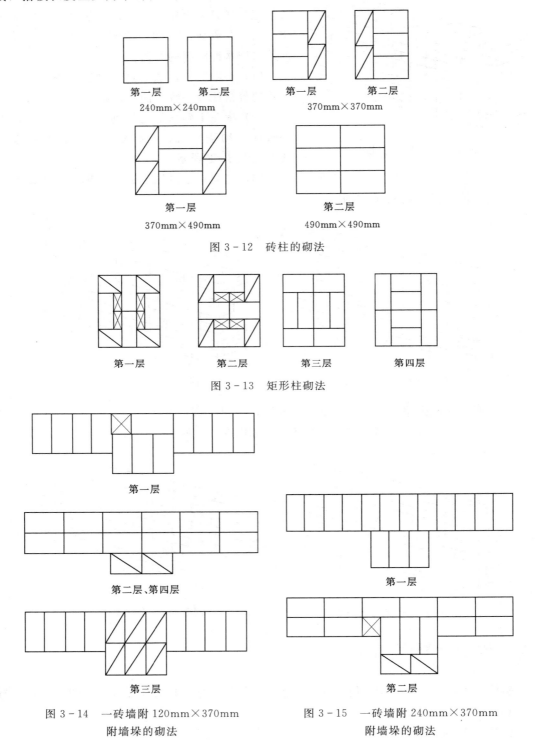

图 3-12 砖柱的砌法

图 3-13 矩形柱砌法

图 3-14 一砖墙附 120mm×370mm
附墙垛的砌法

图 3-15 一砖墙附 240mm×370mm
附墙垛的砌法

3.1.6 砖砌体的砌筑方法

砖砌体的砌筑方法主要有"三一"砌筑法、挤浆法和满口灰法。

（1）"三一"砌筑法。即一块砖、一铲灰、一揉压并随手将挤出的砂浆刮去的砌筑方法。优点是灰缝容易饱满，黏结力好，墙壁面整洁。

（2）挤浆法。在墙顶上铺一段砂浆，然后双手拿砖或单手拿砖，用砖挤入砂浆中一定的厚度之后把砖放平。优点是可以连续挤砌几块砖，减少烦琐的动作，平推平挤可使灰缝饱满，效率高，保证砌筑质量。

（3）满口灰法。右手拿砖刀在灰桶中舀适当灰砂，刮在左手所拿砖的相应面上，然后把砖放到墙上相应位置。

学习单元 3.2 普通砖砌体砌筑

3.2.1 材料准备

1. 水泥

（1）水泥宜采用普通硅酸盐水泥或矿渣硅酸盐水泥，并应有出厂合格证或试验报告。砌筑砂浆采用水泥的强度等级应根据设计要求进行选择。水泥砂浆采用的水泥，其强度等级不宜高于32.5级；水泥混合砂浆采用的水泥，其强度等级不宜高于42.5级。

（2）水泥进场进行收料时，首先验证随货同行单，并逐车取样进行目测检查。目测检查的主要内容包括水泥外观和细度。如果凭经验难以判断，可与标准样进行对比。如发现异常，应拒绝签收。工程所用水泥必须有出厂合格证，合格证中必须有3d、28d强度，各种技术性能指标应符合要求，并应注明品种、强度等级及出厂时间。

（3）水泥进场使用前，应分批对其强度、凝结时间、安定性进行复验。检验批应以同一生产厂家、同一编号为一批。

（4）当在使用中对水泥的质量有怀疑或水泥出厂超过3个月（快硬硅酸盐水泥超过1个月）时，应复查试验，并按结果使用。

（5）不同品种的水泥不得混合使用。

（6）以连续供应的散装不超过500t，袋装不超过200t的同一生产厂生产的相同的品种、相同等级的水泥为一个验收批进行复试，水泥按国家标准GB 12573—2008《水泥取样方法》取样。取样应有代表性，可连续取，亦可从20个以上不同部位取等量样品，总量至少12kg。每一验收批应有水泥出厂检验报告。如发现水泥质量不稳定，应增加复试频率。水泥复试项目包括水泥胶砂强度和安定性，如合同有规定或需要时，增做其他项目的检验。复试报告应有明确结论。检测不合格的水泥应有处理结论。

2. 砂

（1）砂的分类。

1）按产源可分为天然砂和机制砂。①天然砂：自然生成的，经人工开采和筛分的粒径小于4.75mm的岩石颗粒，包括河砂、湖砂、山砂、淡化海砂，但不包括软质、风化的岩石颗粒；②机制砂：经除土处理，由机械破碎、筛分制成的粒径小于4.75mm的岩石颗粒，包括矿山尾矿或工业废渣颗粒，但不包括软质、风化的岩石颗粒，俗称人工砂。

2）按细度模数划分，可分为：①粗砂：3.7～3.1；②中砂：3.0～2.3；③细砂：2.2～1.6。

（2）砂的要求。用中砂、内照射指数 $I_{Ra} \leqslant 1.0$，含泥量不超过 5%，不得含有草根等杂物，使用前应用 5mm 孔径的筛子过筛。

1）颗粒级配。砂的颗粒级配应符合表 3-1 的规定。

表 3-1 砂 的 颗 粒 级 配

砂的分类	天 然 砂			机 制 砂		
级配区	1 区	2 区	3 区	1 区	2 区	3 区
方筛孔	累积筛余/%					
4.75mm	10～0	10～0	10～0	10～0	10～0	10～0
2.36mm	35～5	25～0	15～0	35～5	25～0	15～0
1.18mm	65～35	50～10	25～0	65～35	50～10	25～0
600μm	85～71	70～41	40～16	85～71	70～41	40～16
300μm	95～80	92～70	85～55	95～80	92～70	85～55
150μm	100～90	100～90	100～90	97～85	94～80	94～75

2）含泥量、石粉含量和泥块含量。天然砂的含泥量和泥块含量应符合表 3-2 的规定。

表 3-2 天然砂的含泥量和泥块含量 %

类别	Ⅰ	Ⅱ	Ⅲ
含泥量（按质量计）	≤1.0	≤3.0	≤5.0
泥块含量（按质量计）	0	≤1.0	≤2.0

机制砂的石粉含量和泥块含量应符合表 3-3 和表 3-4 的规定。

表 3-3 机制砂的石粉含量和泥块含量（MB 值小于 1.4 或快速法试验合格） %

类别	Ⅰ	Ⅱ	Ⅲ
MB 值	≤0.5	≤1.0	≤1.4 或合格
石粉含量（按质量计）	≤1.0		
泥块含量（按质量计）	0	≤1.0	≤2.0

注 根据使用地区和用途，在试验验证的基础上，可由供需双方协商确定。

表 3-4 机制砂的石粉含量和泥块含量（MB 值大于 1.4 或快速法试验不合格） %

类别	Ⅰ	Ⅱ	Ⅲ
石粉含量（按质量计）	≤1.0	≤3.0	≤5.0
泥块含量（按质量计）	0	≤1.0	≤2.0

3）有害物质。砂不应混有草根、树叶、树枝、塑料、煤块、炉渣等杂物。砂中如含有云母、轻物质、有机物、硫化物及硫酸盐、氯化物、贝壳等，其含量应符合表 3-5 的规定。

表 3-5　　　　　　　　　　　　　　砂中有害物质含量　　　　　　　　　　　　　　%

类　　别	Ⅰ	Ⅱ	Ⅲ
云母（按质量计）	≤1.0	≤2.0	
轻物质（按质量计）	≤1.0		
有机物	合格		
硫化物及硫酸盐（按 SO_3 质量计）	≤0.5		
氯化物（以氯离子质量计）	≤0.01	≤0.02	≤0.06
贝壳（按质量计）	≤3.0	≤5.0	≤8.0

注　该指标仅适用于海砂，其他砂种不做要求。

4）坚固性。采用硫酸钠溶液法进行试验，砂的质量损失应符合表 3-6 的规定。

表 3-6　　　　　　　　　　　　　　砂的质量损失　　　　　　　　　　　　　　%

类　　别	Ⅰ	Ⅱ	Ⅲ
质量损失	≤8		≤10

机制砂除了满足表 3-6 的规定外，压碎指标还应满足表 3-7 的规定。

表 3-7　　　　　　　　　　　　　　砂的压碎指标　　　　　　　　　　　　　　%

类　　别	Ⅰ	Ⅱ	Ⅲ
单级最大压碎指标	≤20	≤25	≤30

5）表观密度、松散堆积密度和空隙率。砂的表观密度、堆积密度和空隙率应符合如下规定：表观密度大于 2500kg/m^3；松散堆积密度大于 1400kg/m^3；空隙率不大于 44%。

6）碱集料反应。经碱集料反应实验后，试件无裂缝、酥裂、胶体外溢等现象，在规定的试验期膨胀率应小于 0.1%。

3. 掺合料

掺合料：混合砂浆采用石灰膏、粉煤灰和磨细生石灰粉等，磨细生石灰粉熟化时间不得少于 7d。

（1）石灰膏。

1）生石灰熟化成石灰膏时，应用孔径不大于 3mm×3mm 的网过滤，熟化时间不得少于 7d；磨细生石灰粉的熟化时间不得少于 2d。沉淀池中贮存的石灰膏，应采取防止干燥、冻结和污染的措施。严禁使用脱水硬化的石灰膏。

2）消石灰粉不得直接使用于砌筑砂浆中。

（2）粉煤灰。粉煤灰按煤种分为 F 类和 C 类，见表 3-8。拌制混凝土和砂浆所用粉煤灰分为 3 个等级：Ⅰ级、Ⅱ级和Ⅲ级。粉煤灰中的碱含量按 $Na_2O+0.685K_2O$ 计算值表示，当粉煤灰用于活性集料混凝土，要限制掺合料的碱含量时，由买卖双方协商确定。以细度（$45\mu m$ 方孔筛筛余）为考核依据，单一样品的细度不应超过前 10 个样品细度平均值的最大偏差，最大偏差范围由买卖双方协商确定。

表 3-8　　　　　　　　　　　　　　粉煤灰按煤种的分类

项　目	内　容
F 类粉煤灰	由无烟煤或烟煤煅烧收集的粉煤灰
C 类粉煤灰	由褐煤或次烟煤煅烧收集的粉煤灰，氧化钙含量一般大于 10%

4. 水

拌制砂浆用水的水质应符合国家现行标准 JGJ 63—2006《混凝土用水标准》的规定。

5. 砂浆

参见学习单位 1.5 中砂浆的要求。

3.2.2　施工机具

测量、放线、检验工具。

龙门板、皮数杆、水准仪、经纬仪、2m 靠尺、楔形塞尺、插线板、线坠、小白线、百格网、钢卷尺、水平尺、砂浆试模、磅秤等。

3.2.3　施工作业条件

（1）基槽或基础垫层均已完成，并验收，办理完隐检手续。

（2）已设置龙门板或龙门桩，标出建筑物的主要轴线，标出基础及墙身标高；并弹出基础轴线和边线，办完预检手续。

（3）根据皮数杆最下面一层砖的标高，拉线检查基础垫层、表面标高是否合适，如第一层砖的水平灰缝大于 20mm 时，应用细石混凝土找平，严禁在砌筑砂浆中掺细石代替或用砂浆垫平。

（4）砂浆配合比已经试验确定，现场准备好砂浆试模（6 块为一组）。

（5）局部补打豆石混凝土，可以采用体积比，水泥：砂：豆石＝1：2：4。

（6）砌筑前，基础及防潮层应验收合格，弹好门窗洞口和柱子的位置线。

（7）回填完室外机房心土方，安装好暖气沟盖板。办完各项隐检手续。

（8）砌筑部位（基础或楼板等）的灰渣、杂物清除干净，并浇水湿润。

（9）按标高抹好水泥砂浆防潮层。

（10）弹好轴线墙身线，根据进场砖的实际规格尺寸，弹出门窗口位置线，经验收符合设计图纸尺寸要求，办完预检手续。

3.2.4　砌筑施工

3.2.4.1　砖墙体砌筑方式

1. 砖的布置

在砌筑前把砖放置在离所砌的墙面人能蹲下处（大约 600mm 宽工作面），砖的顶面垂直于所砌的墙，条面垂直地面，如图 3-16 所示。

2. 砌筑的基本要点

（1）立头角。砌墙应先砌头角，立头角的好坏是能否将墙身砌得平正、垂直的基本条件，砌头角要求用边角平直、方整的砖块，所砌砖必须放平。砌头角时，从头角的上端向下端看，由下面头角处往上引直，使头角上下垂直、平齐。并用线锤、托线板随时校正。用托线板、线锤检查头角时应做到"三线一吊、五线一靠"。

（2）砌中间墙身。砌中间墙身时以准线为准，这是为了保证墙面的垂直、平整，准线应拉在两端吊直的头角上，准线必须拉紧。砌筑砖墙必须拉通线，砌一砖以下的墙单面挂线，砌一砖半以上的墙体必须双面挂线。挂线的方法：砌筑一砖厚及以下者，采用单面挂线；砌筑一砖半厚及以上者，必须双层挂线。如果长墙几个人同时砌筑共用一根通线，中间应设几个支线点；小线要拉紧平直，每皮砖都要穿线看平，使水平缝均匀一致，平直通顺。两端直接拴钉子把线拉紧，然后用别线棍把线别住，防止线陷入灰缝中，别线棍厚约1mm，放在离开大角 2～4cm 处，如图 3-17 所示。

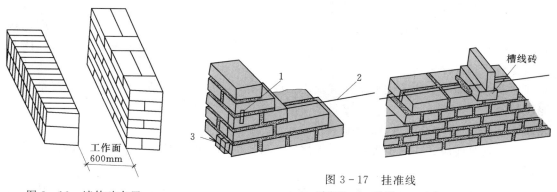

图 3-16　墙体砖布置

图 3-17　挂准线
1—别线棍；2—准线；3—砖块

（3）砌墙的要领。可通俗地称为"上平准线、下平砖口、左右相跟"。就是说砌砖时上口压平准线，下口砌齐砖口，同时砖的上棱边应与准线离开约 1mm，防止砖撞线后影响垂直度。左右前后的砖位置要准确，上下层砖要错缝，相隔一层的砖要对直，即不要游丁走缝，更不能上下层对缝。

3.2.4.2　砖基础的砌筑

（1）基础排砖撂底大放脚有等高式和间隔式。等高式大放脚是每砌两皮砖，两边各收进 1/4 砖长（60mm）；间隔式大放脚是每砌两皮砖及一皮砖，轮流两边各收进 1/4 砖长（60mm）。特别要注意，等高式和间隔式大放脚的共同特点是最下层都应为两皮砖砌筑。

（2）砖基础砌筑前，基础垫层表面应清扫干净、洒水湿润，然后盘墙角。每次盘角高度不应超过 5 层砖。

（3）基础大放脚砌到基础墙，要拉线检查轴线及边线，保证基础墙身位置正确。同时对照皮数杆的砖层及标高，如有高低差时，应在水平灰缝中逐渐调整，使墙的层数与皮数杆相一致。

（4）基础垫层标高不一致或有局部加深部位，应从低处砌起，并应由高向低搭接。当设计无要求时，搭接长度 L 不应小于基底的高差 H，即 L 大于等于 H 搭接长度范围内基础应扩大砌筑，如图 3-18 所示。同时应经常拉线检查，以保持砌体平直通顺，防止出现螺丝墙。

（5）暖气沟挑檐砖及上一层压砖，均应整砖丁砌，灰缝要严实，挑檐砖标高必须符合设计要求。

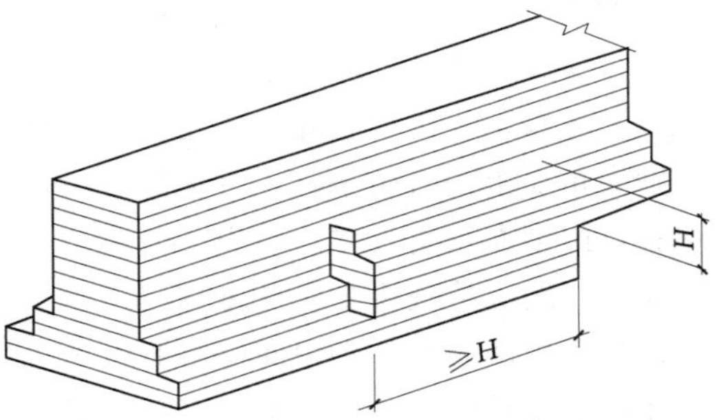

（6）各种预留洞、埋件、拉结筋按设计要求留置，避免剔凿影响砌体质量。

图 3-18 基础垫层标高不一致时的搭砌示意图

（7）变形缝的墙角应按直角要求砌筑，先砌的墙要把舌头灰刮尽；后砌的墙可采用缩口灰，掉入缝内的杂物随时清理。

（8）安装管沟和洞口过梁，其型号、标高必须正确，坐灰应饱满。如坐灰超过 20mm 厚，应采用细石混凝土铺垫，两端搭墙长度应一致。

（9）抹防潮层：抹防潮层砂浆前，将墙顶活动砖重新砌好，清扫干净，浇水湿润，基础墙体应超出标高线（一般以外端室外控制水平线为基准），墙上顶两侧用木八字尺杆卡牢，复核标高尺存无误后倒人防水砂浆，当设计无要求时，宜用 1:2 水泥砂浆加适量防水剂铺设，随即用木抹子搓平压密（设计无规定时，一般厚度为 20mm，防水粉掺量为水泥质量的 3%～5%）。

3.2.4.3 普通砖柱与砖垛施工

（1）砌筑前应在柱的位置近旁立皮数杆。成排同断面的砖柱，可仅在两端的砖柱近旁立皮数杆。

（2）砖柱的各皮高低按皮数杆上皮数线砌筑。成排砖柱，可先砌两端的砖柱，然后逐皮拉通线，依通线砌筑中间部分的砖柱。

（3）柱面上下皮竖缝应相互错开 1/4 砖长以上。柱心无通缝。严禁采用包心砌法，即先砌四周后填心的砌法，如图 3-19 所示。

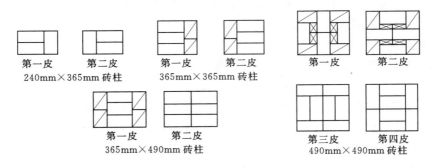

图 3-19 矩形柱砌法

（4）砖垛砌筑时，墙与垛应同时砌筑，不能先砌墙后砌垛或先砌垛后砌墙，其他砌筑要点与砖墙、砖柱相同。图 3-20 所示为砖墙附有不同尺寸砖垛的分皮砌法。

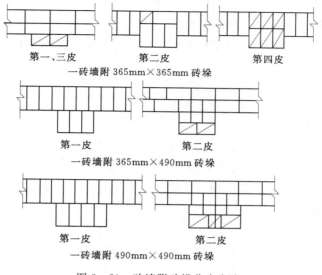

第一、三皮　　　　　　第二皮　　　　　　　第四皮

一砖墙附 365mm×365mm 砖垛

第一皮　　　　　　　　第二皮

一砖墙附 365mm×490mm 砖垛

第一皮　　　　　　　　第二皮

一砖墙附 490mm×490mm 砖垛

图 3-20　砖墙附砖垛分皮砌法

（5）砖垛应隔皮与砖墙搭砌，搭砌长度应不小于 1/4 砖长，砖垛外表上下皮垂直灰缝应相互错开 1/2 砖长。

3.2.4.4　砖拱、过梁、檐口施工

1. 砖平拱

应用不低于 MU10 的砖与不低于 M5 的砂浆砌筑时，在拱脚两边的墙端砌成斜面，斜面的斜度为 1/5～1/4，拱脚下面应伸入墙内不小于 20mm。在拱底处支设模板，模板部应有 1% 的起拱在模板上划出砖、灰缝位置及宽度，务必使砖的块数为单数。采用满铺法，从两边对称向中间砌，每块砖要对准模板上画线，正中一块应挤紧。竖向灰缝是上宽下窄法，成楔形，在拱底灰缝宽度应不小于 5mm，在拱顶灰缝宽度应不大于 15mm。

2. 砖弧拱

砌筑时，模板应按设计要求做成圆弧形砌筑时应从两边对称向中间砌。灰缝成放射状，上宽下窄，拱底灰缝宽度不宜小于 5mm，拱顶灰缝宽度不宜大于 25mm 也可用加工的楔形砖来砌，此时灰缝宽度应上下一样，控制在 8～10mm。

3. 钢筋砖过梁

（1）采用的砖的强度应不低于 MU7.5，砌筑砂浆强度不低于 M2.5，砌筑形式与墙体的一样，宜用一顺一丁或梅花丁。钢筋配置按设计而定，埋钢筋的砂浆层厚度不宜小于 30mm，钢筋两端弯成直角钩，伸入墙内长度不小于 240mm，如图 3-21 所示。

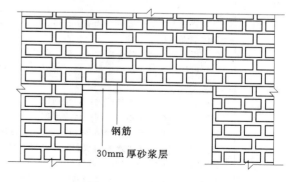

钢筋

30mm 厚砂浆层

图 3-21　钢筋砖过梁

（2）钢筋砖过梁砌筑时，先在洞口顶支设模板，模板中部应有 1% 的起拱。在模板上铺，1:3 水泥砂浆层，厚 30mm 将钢筋逐根埋入砂浆层中，钢筋弯钩要向上，两头伸入墙内长度应一致。然后与墙体一起平砌砖层。钢筋上的第一皮砖应丁砌，钢筋弯钩应置于竖缝内。

4. 过梁底模板拆除

过梁底模板应待砂浆强度达到设计强度的 50% 以上，方可拆除。

5. 砖挑檐

（1）可用普通砖、灰砂砖、粉煤灰砖及免烧砖等砌筑，多孔砖及空心砖不得砌挑檐。砖的规格宜采用 240mm×115mm×53mm。砂浆强度等级应不低于 M5。

（2）无论哪种形式，挑层的下面一皮砖应为丁砌，挑出宽度每次应不大于 60mm。总的挑出宽度应小于墙。

（3）砖挑檐砌筑时，应选用边角整齐、规格一致的整砖。先砌挑檐两头，然后在挑檐外侧每一层底角处拉准线，依线逐层砌中间部分。每皮砖要先砌里侧后砌外侧，上皮砖要压住下皮挑出砖，才能砌上皮挑出砖。水平灰缝宜使挑檐外侧稍厚、里侧稍薄。灰缝宽度控制在 8~10mm 范围内。竖向灰缝砂浆应饱满，灰缝宽度控制在 10mm 左右。

6. 清水砖墙面勾缝施工

（1）勾缝前清除墙面黏结的砂浆、泥浆和杂物，并洒水湿润。脚手眼内也应清理干净，洒水湿润，并用与原墙相同的砖补砌严密。

（2）墙面勾缝应采用加浆勾缝，宜用细砂拌制的 1:1.5 水泥砂浆。砖内墙也可采用原浆勾缝，但必须随砌随勾缝，并使灰缝光滑密实。

（3）砖墙勾缝宜采用凹缝或平缝，凹缝深度一般为 4~5mm。

（4）墙面勾缝应横平竖直、深浅一致、搭接平整并压实抹光，不得出现丢缝、开裂和黏结不牢等现象。

（5）勾缝完毕，应清扫墙面。

3.2.4.5 *砖砌体工程质量要求*

砖砌体工程质量要求见表 3-9。

表 3-9　　　　　　　　　　　　　**砖砌体工程质量要求**

项　目	内　容
一般规定	（1）适用于烧结普通砖、烧结多孔砖、混凝土多孔砖、混凝土实心砖、蒸压灰砂砖、蒸压粉煤灰砖等砌体工程。 （2）用于清水墙、柱表面的砖，应边角整齐，色泽均匀。 （3）砌体砌筑时，混凝土多孔砖、混凝土实心砖、蒸压灰砂砖、蒸压粉煤灰砖等块体的产品龄期不应小于 28d。 （4）有冻胀环境和条件的地区，地面以下或防潮层以下的砌体，不应采用多孔砖。 （5）不同品种的砖不得在同一楼层混砌。 （6）砌筑烧结普通砖、烧结多孔砖、蒸压灰砂砖、蒸压粉煤灰砖砌体时，砖应提前 1~2d 适度湿润，严禁采用干砖或处于吸水饱和状态的砖砌筑，块体湿润程度宜符合下列规定： 　1）烧结类块体的相对含水率为 60%~70%； 　2）混凝土多孔砖及混凝土实心砖不需浇水湿润，但在气候干燥炎热的情况下，宜在砌筑前对其喷水湿润。其他非烧结类块体的相对含水率为 40%~50%

项　目	内　　容
一般规定	（7）采用铺浆法砌筑砌体，铺浆长度不得超过750mm；当施工期间气温超过30℃时，铺浆长度不得超过500mm。 （8）240mm厚承重墙的每层墙的最上一皮砖，砖砌体的阶台水平面上及挑出层的外皮砖应整砖丁砌。 （9）弧拱式及平拱式过梁的灰缝应砌成楔形缝，拱底灰缝宽度不宜小于5mm，拱顶灰缝宽度不应大于15mm。拱体的纵向及横向灰缝应填实砂浆；平拱式过梁拱脚下面应伸入墙内不小于20mm；砖砌平拱过梁底应有1%的起拱。 （10）砖过梁底部的模板及其支架拆除时，灰缝砂浆强度不应低于设计强度的75%。 （11）竖向灰缝不应出现瞎缝、透明缝和假缝。 （12）砖砌体施工临时间断处补砌时，必须将接槎处表面清理干净，洒水湿润，并填实砂浆保持灰缝平直。 （13）夹心复合墙的砌筑应符合下列规定： 　1）墙体砌筑时，应采取措施防止空腔内掉落砂浆和杂物； 　2）拉结件设置应符合设计要求，拉结件在叶墙上的搁置长度不应小于叶墙厚度的2/3，并不应小于60mm； 　3）保温材料品种及性能应符合设计要求。保温材料的浇注压力不应对砌体强度、变形及外观质量产生不良影响
主控项目	（1）砖和砂浆的强度等级必须符合设计要求。 　抽检数量：每一生产厂家，烧结普通砖、混凝土实心砖每15万块，烧结多孔砖、混凝土多孔砖、蒸压灰砂砖及蒸压粉煤灰砖每10万块各为一验收批，不足上述数量时按一批计，抽检数量为1组。砂浆试块的抽检数量按每一验收批且不超过250m³砌体的各类、各强度等级的普通砌筑砂浆，每台搅拌机应至少抽检一次。验收批的预拌砂浆、蒸压加气混凝土砌块专用砂浆，抽检可为3组。 　检验方法：检查砖和砂浆试块试验报告。 （2）砌体灰缝砂浆应密实饱满，砖墙水平灰缝的砂浆饱满度不得低于80%；砖柱水平灰缝和竖向灰缝饱满度不得低于90%。 　抽检数量：每检验批抽查不应少于5处。 　检验方法：用百格网检查砖底面与砂浆的黏结痕迹面积，每处检测3块砖，取其平均值。 （3）砖砌体的转角处和交接处应同时砌筑，严禁无可靠措施的内外墙分砌施工。在抗震设防烈度为8度及8度以上地区，对不能同时砌筑而又必须留置的临时间断处应砌成斜槎，普通砖砌体斜槎水平投影长度不应小于高度的2/3，多孔砖砌体的斜槎长高比不应小于1/20。 　斜槎高度不得超过一步脚手架的高度。 　抽检数量：每检验批抽查不应少于5处。 　检验方法：观察检查。 （4）非抗震设防及抗震设防烈度为6度、7度地区的临时间断处，当不能留斜槎时，除转角处外，可留直槎，但直槎必须做成凸槎，且应加设拉结钢筋，拉结钢筋应符合下列规定： 　1）每120mm墙厚放置1根φ6拉结钢筋（120mm厚墙应放置2根φ6拉结钢筋）； 　2）间距沿墙高不应超过500mm，且竖向间距偏差不应超过100mm； 　3）埋入长度从留槎处算起每边均不小于500mm，对抗震设防烈度6度、7度的地区，不应小于1000mm； 　4）末端应有90°弯钩。 　抽检数量：每检验批抽查不应少于5处。 　检验方法：观察和尺量检查

项　目	内　　容
一般项目	（1）砖砌体组砌方法应正确，上下错缝，清水墙、窗间墙无通缝；混水墙中不得有长度大于300mm的通缝，长度200～300mm的通缝每间不超过3处，且不得位于同一面墙体上。 柱不得采用包心砌法。 抽检数量检验方法：观察检查。砌体组砌方法抽检每处应为3～5m。 （2）砖砌体的灰缝应横平竖直，厚薄均匀，水平灰缝厚度及竖向灰缝宽度宜为70mm，但不应小于8mm，也不应大于12mm。 抽检数量：每检验批抽查不应少于5处。 检验方法：水平灰缝厚度用尺量10皮砖砌体高度折算；竖向灰缝宽度用尺量2m砌体长度折算

3.2.4.6　施工成品保护

（1）基础墙砌完后，未经有关人员复查之前，对轴线桩、水平桩应注意保护，不得碰撞。

（2）抗震构造柱钢筋和拉结筋应保护，不得踩倒、弯折。

（3）基础墙回填土，两侧应同时进行，暖气沟墙不填土的一侧应加支撑，防止回填时挤歪挤裂回填土应分层夯实，不允许向槽内灌水取代夯实。

（4）回填土运输时，先将墙顶保护好，不得在墙上推车，损坏墙顶和碰撞墙体。

（5）墙体拉结筋、抗震构造柱钢筋、大模板混凝土墙体钢筋及各种预埋件、暖卫、电气管线等，均应注意保护，不得任意拆改或损坏。

（6）砂浆稠度应适宜，砌墙时应防止砂浆溅脏墙面。

（7）在吊放平台脚手架或安装大模板时，指挥人员和起重机司机应认真指挥和操作，防止碰撞已砌好的砖墙。

（8）在高车架进料口周围，应用塑料薄膜或木板等遮盖，保持墙面洁净。

（9）尚未安装楼板或屋面板的墙和柱，当可能遇到大风时，应采取临时支撑等措施，以保证施工中墙体的稳定性。

3.2.4.7　施工质量问题

1. 砖砌体组砌混乱

（1）现象。混水墙面组砌方法混乱，出现直缝和"二层皮"。砖柱采用包心砌法，里外皮砖层互不相咬，形成周圈通天缝，降低了砌体强度和整体性；砖规格尺寸误差对清水墙面影响较大，如组砌形式不当，形成竖缝宽窄不均，影响美观。

（2）原因分析。因混水墙面要抹灰，操作人员容易忽视组砌形式，因此出现了多层砖的直缝和"二层皮"现象。砌筑砖柱需要大量的七分砖来满足内外砖层错缝的要求，打制七分砖会增加工作量，影响砌筑效率，而且砖损耗很大，当操作人员思想不够重视，又缺乏严格检查的情况下，三七砖柱习惯于用包心砌法。

（3）防治措施。应使操作者了解砖墙组砌形式不单纯是为了墙面美观，同时也是为了满足传递荷载的需要。因此，清、混水墙墙体中砖缝搭接不得少于1/4砖长；内外皮砖层最多隔5层砖就应有1层丁砖拉结（五顺一丁）。为了节约，允许使用半砖头，但也应满足1/4砖长的搭接要求，半砖头应分散砌于混水墙中砖柱的组砌方法，应根据砖柱断面和实际使用情况统一考虑，但不得采用包心砌法。砖柱横、竖向灰缝的砂浆都必须饱满，每砌完 1 层砖都要进行一次竖缝刮浆塞缝工作，以提高砌体强度。

墙体组砌形式的选用，应根据所砌部位的受力性质和砖的规格尺寸误差而定。一般清水墙面常选用一顺一丁和梅花丁组砌方法；在地震区，为增强齿缝受拉强度，可采用骑马缝组砌方法；砖砌蓄水池应采取三顺一丁组砌方法；双面清水墙，如工业厂房围护墙、围墙等，可采取三七缝组砌方法。由于一般砖长度正偏差、宽度负偏差较多，采用梅花丁的组砌形式，可使所砌墙面的竖缝宽度均匀一致。在同一栋工程中，应尽量使用同一砖厂的砖，以避免因砖的规格尺寸误差而经常变动组砌形式。

2. 砖缝砂浆不饱满，砂浆与砖黏结不牢

（1）现象。砖层水平灰缝砂浆饱满度低于 80%；竖缝内无砂浆（瞎缝），特别是空心砖墙，常出现较多的透明缝；砌筑清水墙采取大缩口缝深度大于 2cm 以上，影响砂浆饱满度。砖在砌筑前未浇水湿润，干砖上墙，致使砂浆与砖黏结不良。

（2）原因分析。M2.5 或小于 M2.5 的砂浆，如使用水泥砂浆，因水泥砂浆和易性差，砌筑时挤浆费劲，操作者用大铲或瓦刀铺刮砂浆后，使底灰产生空穴，砂浆不饱满。用干砖砌墙，使砂浆因早期脱水而降低强度而干砖表面的粉屑起隔离作用，减弱了砖与砂浆的黏结用推尺铺灰法砌筑，有时因铺灰过长，砌筑速度跟不上，砂浆中的水分被底砖吸收，使砌上的砖与砂浆失去黏结。砌清水墙时，为了省去刮缝工序，采取了大缩口的铺灰方法，使砌体砖缝缩口深度达 2～3cm，既减少了砂浆饱满度，又增加了勾缝工作量。

（3）防治措施。改善砂浆和易性是确保灰缝砂浆饱满和提高黏结强度的关键。改进砌筑方法，不宜采取推尺铺灰法或摆砖砌筑，应推广"三一砌砖法"，即使用大铲，一块砖、一铲灰、一挤揉的砌筑法。严禁用干砖砌墙。砌筑前 1～2d 应将砖浇湿，使砌筑时砖的含水率达到 10%～15%。

冬期施工时，在正温度条件下也应将砖面适当湿润后再砌筑。负温下无法浇筑施工时，砂浆的稠度应适当增大。对于抗震设防烈度为 9 度的地震区，在严冬无法浇筑情况下，不宜进行砌筑。

3. 清水墙面游丁走缝

（1）现象。大面积的清水墙面常出现的丁砖竖缝歪斜、宽窄不匀，丁不压中（丁砖在下层条砖上不居中），清水墙窗台部位与窗间墙部位的上下竖缝发生错位、搬家等，直接影响到清水墙面的美观。

（2）原因分析。砖的长、宽尺寸误差较大，如砖的长为正偏差，宽为负偏差，砌一顺一丁时，竖缝宽度不易掌握，稍不注意就会产生游丁走缝。开始砌墙摆砖时，未考虑窗口位置对砖竖缝的影响，当砌至窗台处分窗口尺寸时，窗的边线不在竖缝位置，使窗间墙的竖缝搬家，上下错位。里脚手砌外清水墙，需经常探身穿看外墙面的竖缝垂直度，砌至一定高度后，穿看墙缝不太方便，容易产生误差，稍有疏忽就会出现游丁走缝。

（3）防治措施。砌筑清水墙，应选取边角整齐、色泽均匀的砖。砌清水墙前应进行统一摆底，并先对现场砖的尺寸进行实测，以便确定组砌方法和调整竖缝宽度。摆底时应将窗口位置引出，使砖的竖缝尽量与窗口边线相齐，如安装不开，可适当移动窗口位置（一般不大于2cm）。当窗口宽度不符合砖的模数时，应将七分头砖留在窗口下部的中央，以保持窗间墙处上下竖缝不错位。游丁走缝主要是丁砖游动所引起，因此在砌筑时，必须强调丁压中，即丁砖的中线与下层条砖的中线重合。

在砌大面积清水墙（如山墙）时，在开始砌的几层砖中，沿墙角1m处，用线坠吊一次竖缝的垂直度，至少保持一步架高度有准确的垂直度。沿墙面每隔一定间距，在竖缝处弹墨线，墨线用经纬仪或线坠引测。当砌至一定高度（一步架或一层墙）后，将墨线向上引伸以作为控制游丁走缝的基准。

4.螺栓墙

（1）现象。砌完一个层高的墙体时，同一砖层的标高差一皮砖的厚度，不能交圈。

（2）原因分析。砌筑时，没有按皮数杆控制砖的层数。每当砌至基础顶面和在预制混凝土楼板上接砌砖墙时，由于标高偏差大，皮数杆往往不能与砖层吻合，需要在砌筑中用灰缝厚度逐步调整。如果砌同一层砖时，误将负偏差标高当作正偏差，砌砖时反而压薄灰缝，在砌至层高赶上皮数杆时，与相邻位置的砖墙正好差一皮砖，形成螺栓墙。

（3）防治措施。砌墙前应先测定所砌部位基面标高误差，通过调整灰缝厚度，调整墙体标高调整同一墙面标高误差时，可采取提（或压）缝的办法，砌筑时应注意灰缝均匀，标高误差应分配在一步架的各层砖缝中，逐层调整挂线两端应相互呼应，注意同一条平线所砌砖的层数是否与皮数杆上的砖层数相等。当内墙有高差，砖层数不好对照时，应以窗台为界由上向下倒清砖层数。

当砌至一定高度时，可穿看与相邻墙体水平线的平行度，以便及时发现标高误差。在墙体一步架砌完前，应进行抄平弹半米线，用半米线向上引尺检查标高误差，墙体基面的标高误差应在一步架内调整完毕。

5.清水墙面水平缝不直，墙面凹凸不平

（1）现象。同一条水平缝宽度不一致，个别砖层冒线砌筑；水平缝下垂；墙体中部（两步脚手架交接处）凹凸不平。

（2）原因分析。由于砖在制坯和晾干过程中底条面因受压墩厚了一些，形成砖的两个条面大小不等，厚度差2～3mm砌砖时，如若大小条面随意跟线，必然使灰缝宽度不一致，个别砖大条面偏大较多，不易将灰缝砂浆压薄，因而出现冒线砌筑所砌的墙体长度超过20m，控线不紧，挂线产生下垂，跟线砌筑后，灰缝就会出现下垂现象。

搭脚手排木直接压墙，使接砌墙体出现"捞活"（砌脚手板以下部位）；挂立线时没有从下步脚手架墙面向上引伸，使墙体在两步架交接处出现凹凸不平、平行灰缝不直等现象。由于第一步架墙体出现垂直偏差，接砌第二步架时进行了调整，因而在两步架交接处出现凹凸不平。

（3）防治措施。砌砖应采取小面跟线，因一般砖的小面棱角裁口整齐，表面洁净。用小面跟线不仅能使灰缝均匀，而且可提高砌筑效率。挂线长度超长（15～20mm）时，应加腰线砖探出墙面3～4cm，将挂线搭在砖面上，由角端穿看挂线的平直度，用腰线砖的灰缝厚度调平。

墙体砌至脚手架排木搭设部位时，预留脚手眼，并继续砌至高出脚手板面一层砖，以消灭"捞活"、挂立线应由下面一步架墙面引伸，立线延至下部墙面至少 50cm。挂立线吊直后，拉紧平线，用线坠吊平线和立线，当线坠与平线、立线相重，即"三线归一"时，则可认为立线正确无误。

6. 清水墙面勾缝不符合要求

（1）现象。清水墙面勾缝深浅不一致，竖缝不实，十字缝搭接不平，墙缝内残浆未扫净，墙面被砂浆严重污染；脚手眼处堵塞不严、不平，留有永久痕迹（堵孔与原墙面色泽不一致）；勾缝砂浆开裂、脱落。脚手眼堵塞不严、不平，留有永久痕迹，（堵孔砖与原墙面的砖色色泽不一致）；勾缝砂浆开裂、脱落。

（2）原因分析。清水墙面勾缝前未经开缝，刮缝深度不够或用大缩口缝砌砖，使勾缝砂浆不平，深浅不一致，竖缝挤不严，勾缝砂浆悬空未与缝内底灰接触，与平缝十字搭接不平，容易开裂、脱落。脚手眼堵塞不平，补缝砂浆不饱满，堵孔砖与原墙面的砖色色泽不一致，在脚手眼处留下永久痕迹勾缝前对墙面浇水湿润程度不够，使勾缝砂浆早期脱水而收缩开裂，墙缝内浮灰未清理干净，影响勾缝砂浆与灰缝内砂浆的黏结，日久后脱落。采取加浆勾缝时，因托灰板接触墙面使墙面被勾缝水泥砂浆弄脏，留下印痕——如墙面胶水过湿，扫缝时墙面也容易被砂浆污染。

（3）防治措施。勾缝前，必须对墙体砖缺棱掉角部位、瞎缝、刮缝深度不够的灰缝进行开凿。开缝深度在 1cm 左右，缝子上下切口应开凿整齐。砌墙时应保存一部分砖供堵塞脚手眼用。脚手眼堵塞前，先将洞内的残余砂浆剔除干净，并浇水湿润（冲去浮灰），然后铺以砂浆用砖挤严。横、灰缝均应填实砂浆，顶砖缝采取喂灰方法塞严砂浆，以减少脚手眼对墙体强度的影响。勾结前，应提前浇水冲刷墙面的浮灰（包括清除灰缝表层不实部分），待砖墙表皮略见干时，再开勾缝。缝用 1:1.5 水泥细砂砂浆，细砂应过筛，砂浆稠度以勾缝馏子挑起不落为宜。外清水墙勾凹缝，凹缝深度为 4～5mm，为使凹缝切口整齐，宜将勾缝溜子做成倒梯形面。操作时用溜子将勾缝砂浆压入缝内，并来回压实、切齐上下口。竖缝溜子断面构造相同的竖缝应与上下水平缝搭接平整，左右切口要齐。为防止托灰板对墙面的污染，应将板端刨成尖角，以减少与墙面的接触。勾完缝后，待勾缝砂浆略被砖面吸水起干，即可进行扫缝。扫缝应顺缝扫，先水平缝，后竖缝，扫缝时应不断地抖掉扫帚中的砂浆粉粒，以减少对墙面的污染。干燥天气，勾缝后应喷水养护。

7. 墙体留置阴槎，接槎不严

（1）现象。砌筑时随意留槎，且多留置阴槎，槎口部位用砖碴填砌，使墙体断面遭受严重削弱。阴槎部位接槎砂浆不严，灰缝不顺直。

（2）原因分析。操作人员对留槎问题缺乏认识，习惯于留直槎；由于施工操作不便，施工组织不当，造成留槎过多。后砌 12cm 厚隔墙留置的阳槎不正不直，接槎时由于咬槎深度较大，使接槎砖上部灰缝不易堵严。斜槎留置方法不统一，留置大斜槎工作量大，斜槎灰缝平直度难以控制，使接槎部位不顺线。施工洞口随意留设，运料小车将混凝土、砂浆撒落到洞口留槎部位，影响接槎质量。填砌施工洞的砖，色泽与原墙不一致，影响清水墙面的美观。

（3）防治措施。在安排施工组织计划时，对施工留槎应做统一考虑。外墙大角尽量做到同步砌筑不留接槎，或一步架留槎处，二步架改为同步砌筑，以加强墙角的整体性。纵横墙交接处，有条件时量安排同步砌筑，如外脚手砌纵墙，横墙可以与此同步砌筑，工作面互不干扰，这样可尽量减少留槎部位，有利于保持房屋的整体性。斜槎宜采取18层斜槎砌法，为防止因操作不熟练，使接槎处水平缝不直，可以加立小皮数杆。清水墙留槎，如遇有门窗口，应将留槎部位砌至转角门窗口边，在门窗口框边立皮数杆，以控制标高。非抗震设防地区，当留斜槎确有困难时，应留引出墙面12cm的直槎，并按规定设拉结筋，使咬槎砖缝便于接砌，以保证接槎质量，增强墙体的整体性。应注意接槎的质量。首先应将接槎处清理干净，然后浇水湿润，接槎时，槎面要填实砂浆，并保持灰缝平直。

8. 施工质量记录

施工质量记录应包括：砂、水泥、普通砖、多孔砖、外加剂、掺合料、干拌砂浆等原材料出厂合格证、检验报告以及复试报告；砂浆抗压强度试验报告；施工检查记录、隐蔽工程检查记录、预检工程检查记录；检验批质量验收记录、分项分部工程质量验收记录；冬期施工记录；设计变更及洽商记录和其他技术文件。

学习单元 3.3 多孔砖外墙砌筑

3.3.1 材料准备

(1) 水泥：采用 42.5 级硅酸盐水泥。

(2) 砂：中砂，不得含有有害物质。

(3) 水：自来水。

(4) 烧结多孔砖。

3.3.2 机具准备

砂浆搅拌机、水平运输机械、瓦刀、铁锹、手锤、钢凿、筛子、手推车、水准仪、经纬仪、钢卷尺、垂线球、水平尺、磅秤、砂浆试模等。

3.3.3 砌筑施工

3.3.3.1 多孔砖砌体排砖方法

多孔砖有 KP1（P 型）多孔砖和模数（DM 型或 M 型）多孔砖两大类。KP1 多孔砖的长、宽尺寸与普通砖相同，仅每块砖高度增加到 90mm，所以在使用上更接近普通砖，普通砖砌体结构体系的模式和方法，在 KP1 多孔砖工程中都可沿用，这里不再介绍；模数多孔砖在推进建筑产品规范化、提高效益等方面有更多的优势，工程中可根据实际情况选用，模数多孔砖砌体工程有其特定的排砖方法。

1. 模数多孔砖砌体排砖方案

不同尺寸的砌体用不同型号的模数多孔砖砌筑。砌体长度和厚度以 50mm（1/2M）进级，即 90mm、740mm、190mm、240mm、340mm 等，见表 3-10 和表 3-11。高度以 100mm（1M）进级（均含灰缝 10mm）。个别边角不足整砖的部位用砍配砖 DMP 或锯切 DM4、DM3 填充。挑砖挑出长度不大于 50mm。

表 3 - 10 模数多孔砖砌体厚度进级及砌筑方案 单位：mm

模数	1M	1½M	2M	2½M	3M	3½M	4M
墙厚	90	140	190	240	290	340	390
方案 1	DM4	DM3	DM2	DM1	DM2+DM4	DM1+DM4	DM1+DM3
方案 2	—	—	—	DM3+DM4	—	DM2+DM3	—

注 推荐方案 1，190mm 厚内墙亦可用 DM1 砌筑。

表 3 - 11 模数多孔砖砌体长度尺寸进级表 单位：mm

模数	½M	1M	1½M	2M	2½M	3M	3½M	4M	4½M	5M
砌体	—	90	140	190	240	290	340	390	440	490
中-中或墙垛	50	100	150	200	250	300	350	400	450	500
砌口	60	110	160	210	260	310	360	410	460	510

2. 模数多孔砖排砖方法

模数多孔砖排砖重点在于 340 墙体和节点。

（1）墙体。本书排砖以 340 外墙、240 内墙、90 隔墙的工程为模式。其中，340 墙体用两种砖组合砌筑，其余各用一种砖砌筑。

（2）排砖原则。"内外搭砌、上下错缝、长边向外、减少零头。"上下两皮砖错缝一般为 100mm，个别不小于 50mm。内外两皮砖搭砌一般为 140mm，90mm，个别不小于 40mm。在构造柱、墙体交接转角部位会出现少量边角空缺，需砍配砖 DMP 或锯切 DM4、DM3 填补。

（3）平面排砖。

1）从角排起，延伸推进。以构造柱及墙体交接部位为节点，两节点之间墙体为一个自然段，自然段按常规排法，节点按节点排法。

2）外墙砖顺砌。即长度边（190mm）向外，个别节点部位补缺可扭转 90°，但不得横卧使用（即孔方向必须垂直）。

3）为避免通缝，340 外墙楼层第一皮砖将 DM1 砖放在外侧。

（4）一般墙体每两皮一循环，构造柱部位有马牙槎进退，故四皮一循环。

（5）排砖调整。340 外墙遇以下情况，需做一定的排砖调整。

1）凸形外山墙段，一般需插入一组长 140mm 调整砖。

2）凸形、凹形、中央楼梯间外墙段墙处插入不等长的调整砖。

（6）门窗洞口排砖要求。洞口两侧排砖均应取整砖或半砖，即长 190mm 或 90mm，不可出现 3/4 或 1/4 砖，即长为 140mm 或 40mm 砖。

（7）外门窗洞口排砖方法。340mm 或 240mm 外墙门窗洞口如设在房间开间的中心位置，需结合实际排砖情况，向左或向右偏移 25mm，以保证门窗洞口两侧为整砖或半砖，但调整后两侧段洞口边至轴线之差不得大于 50mm。

（8）窗下暖气槽排砖方法。

340 墙体窗下暖气槽收进 150mm，厚 190mm，用 DM2 砌筑，槽口两侧对应窗洞口各收进 50mm。

（9）340 外墙减少零头方法。

1）在适当的部位，可用横排 DM1 砖以减少零头。

2）遇 40mm×40mm 的空缺可填混凝土或砂。

3）在构造柱马牙槎放槎合适位置，可用整砖压进 40mm×40mm 的一角以减少零头。

（10）排砖设计与施工步骤。

1）设计人员应熟悉和掌握模数多孔砖的排砖原理和方法，以指导施工施工图设计阶段，建筑专业设计人员宜绘制排砖平面图（1∶20 或 1∶30），并以此最后确定墙体及洞口的细部尺寸。

2）施工人员应熟悉和掌握模数多孔砖排砖的原则和方法，在接到施工图纸后，即应按照排砖规则进行排砖放样，以确定施工方案，统计不同砖型的数量，编制采购计划。

3）在首层±0.000 墙体砌筑施工开始之前，应进行现场实地排砖。根据放线尺寸，逐块排满第一皮砖并确认妥善无误后，再正式开始砌筑。如发现有与设计不符之处，应与设计单位协商解决后方可施工。

3.3.3.2 多孔砖墙体施工工艺

1. 组砌方法

砖墙根据其厚度不同，可采用全顺、两平一侧、全丁、一顺一丁、三顺一丁、梅花丁的砌筑形式。砖墙的转角处、交接处，根据错缝需要应该加砌配砖。

图 3-22 所示为一砖厚墙一顺一丁转角处分皮砌法，配砖为 3/4 砖（俗称七分头砖），位于墙外角。图 3-23 所示为一砖厚墙一顺一丁交接处分皮砌法，配砖为 3/4 砖，位于墙交接处外面，仅在丁砌层设置。

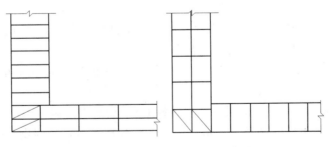

图 3-22 一砖墙一顺一丁转角处分皮砌法

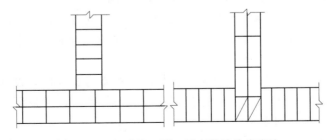

图 3-23 一砖墙一顺一丁交接处分皮砌法

2. 润砖

常温施工时，多孔砖提前 1～2d 浇水湿润，砌筑时，砖的含水率宜控制在 10％～15％之间，一般当水浸入砖四周 15～20mm，含水率即满足要求。不得用干砖上墙。

3. 排砖撂底（干摆砖）

按选定的组砌方法，在墙基顶面放线位置试摆砖样（干摆，即不铺灰），尽量使门窗垛符合砖的模数，偏差小时通过竖缝调整，以减少砍砖数量，并保证砖及砖缝排列整齐、均匀，以提高砌砖的效率。

4. 选砖

砌清水墙应选择棱角整齐，无弯曲、裂纹，颜色均匀，规格基本一致的砖，敲击时声音响亮。焙烧过火变色、变形的砖可用在不影响外观的内墙上。

5. 盘角

砌砖前应先盘角，每次盘角不应超过 5 皮，新盘的大角应及时进行吊、靠，如有偏差要及时修整。盘角时应仔细对照皮数杆的砖层和标高，控制好灰缝厚度，使水平缝均匀一致。大角盘好后在复核一次，平整度和垂直度完个符合要求后再挂线砌墙。

6. 挂线

砌筑砖墙厚度超过一砖厚时，应双面挂线；超过 10m 的长墙，中间应设支线点，小线要拉紧，每皮砖都要穿线看平，使水平线均匀一致、平直通顺；砌一砖厚度混水墙宜采用外挂线，可照顾砖墙两向平整，为下道工序控制抹灰厚度奠定基础。

7. 砌砖

砌砖采用一铲灰、一块砖、一挤揉的"三一"砌砖法，即满铺、满挤操作法砌砖时要放平，多孔砖的孔洞应垂直于砌筑面砌筑。"里手高，墙面就要张；里手低，墙面就要背"。砌砖应跟线，"上跟线，下跟棱，左右相邻要看平"。

水平灰缝厚度和竖向灰缝宽度一般为 10mm，但不应小于 8mm，也不应大于 12mm 为保证清水墙面主缝垂直，不游丁走缝，当砌完一步架高时，宜每隔 2m 水平间距，在丁砖立楞位置弹两道垂直立线，以分线控制游丁走缝。

在操作过程中，要认真进行自检，如出现偏差，应随时纠正，严禁事后砸墙砌筑砂浆应随砌随拌随使用。清水墙应随砌随划缝，划缝深度为 8～12mm，应深浅一致，墙面应清扫干净。混水墙应随砌随将舌头灰刮尽。

8. 留槎

外墙转角处应同时砌筑。内墙交接处必须留斜槎，槎子长度不应小于墙体高度的 2/3，槎子须平直、通顺。分段位置应在变形缝或门窗口角处，隔墙与墙或柱不同时砌筑时，可留阳槎加预埋拉结筋。拉结钢筋的数量为每 120mm 墙厚放置 1 根中 6 拉结钢筋（但 120mm 与 240mm 厚墙均需放置 2 根 6 拉结钢筋），间距沿墙高不应超过 500mm；埋入长度从留槎处算起每边均不小于 500mm，对抗震设防烈度 6 度、7 度地区的砖混结构砌体，拉结钢筋长度从自留槎处算起每边均不小于 1000mm；末端应有 90°弯钩。

9. 隔墙顶应用立砖斜砌挤紧

内外墙砌筑时均不应砌筑至顶，要留置斜砌，待墙体沉降、砂浆收缩均匀时（一般规定 7d 以后），再补砌斜砌，要求砂浆饱满度达 80％以上。

10. 施工洞口留设

洞口侧边离交接处墙不应小于 500mm，洞口净宽度不应超过 1m。施工洞口可留直槎，但直槎必须设成凸槎，并必须加设拉结钢筋，拉结钢筋的数量为每 240mm 墙厚设 2 根 Φ6 拉结钢筋，墙厚每增加 120mm 增加 1 根 Φ6 拉结钢筋，每边均不应小于 1000mm；末端应有 90°弯钩。

11. 预埋混凝土砖、木砖

户门框、外窗框处采用预埋混凝土砖，室内门框采用木砖。混凝土砖采用 C15 混凝土现场制作而成，和砖尺寸大小要相同。木砖预埋时应小头在外，大头在内，数量按洞口高度确定。洞口高度在 1.2m 以内时，每边放 2 块；高 1.2～2m 时，每边放 3 块；高 2～3m 时，每边放 4 块。预埋砖的部位一般在洞口上边或下边 4 皮砖，中间均匀分布木砖要提前做好防腐处理。钢门窗安装的预留孔、硬架支撑、暖卫管道，均应按设计要求预留，不得事后剔凿。

12. 墙体拉结筋

（1）每一楼层砖墙施工前，必须把墙、柱上填充墙体预留拉结筋按规范要求焊接完毕，拉结筋每 500mm 高留一道，每道设 2 根 Φ6 钢筋，长度大于等于 1000mm，端部设 90°弯钩。单面搭接焊的焊缝长度大于等于 10d。焊接不应有咬边、气孔等质量缺陷，并应进行焊接质量检查验收。

（2）在框架柱上采用后置式埋设拉结筋，应通过拉拔强度试验。

（3）墙体拉结筋的位置、规格、间距均应按设计要求留置，不应错放、漏放。

13. 过梁、梁垫的安装

安装过梁、梁垫时，其标高、位置及型号必须准确，坐灰应饱满、如坐灰厚度超过 20mm，要用 C10 细石混凝土铺垫。过梁安装时，两端支承点的长度应一致。

14. 构造柱做法

凡设有构造柱的工程，在砌砖前应先根据设计图纸将构造柱位置进行弹线，并把构造柱插筋处理顺直。砌砖墙时与构造柱连接处砌成马牙样、每一个马牙槎沿高度方向的尺寸不应超过 300mm。马牙槎应先退后进拉结筋按设计要求放置，设计无要求时，一般沿墙高 500mm 设置 2 根 Φ6 水平拉结筋，每边伸入墙内不应小于 1m，如图 3-24 所示。

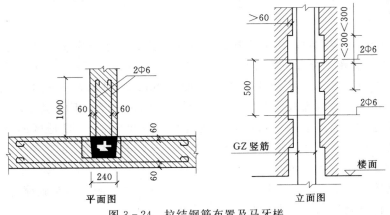

平面图　　　　　　　　　　立面图

图 3-24　拉结钢筋布置及马牙槎

15. 勾缝

（1）墙面勾缝应横平竖直，深浅一致，搭接平顺。

（2）清水砖墙勾缝应采用加浆勾缝，并宜采用细砂拌制的 1：1.5 水泥砂浆。当勾缝为凹缝时，凹缝深度宜为 4～5mm。

（3）混水砖墙宜用原浆勾缝，但必须随砌随勾，并使灰缝光滑密实。

16. 注意事项

（1）有防水要求的房间楼板四周，除门洞口外，必须浇筑不低于 120mm 高的混凝土坎台，混凝土强度等级不低于 C20。

（2）不得在下列墙体或部位设置脚手眼：①120mm 厚墙、清水墙、料石墙、附墙柱和独立柱；②过梁上与过梁成 60°角的三角形范围及过梁净跨度 1/2 的高度范围内；③宽度小于 1m 的窗间墙；④砌体门窗洞口两侧 200mm 和转角 450mm 范围内；⑤设计上不允许设置脚手眼的部位。

3.3.3.3 工艺流程

多孔砖外墙砌筑的具体工艺流程如图 3-25 所示。

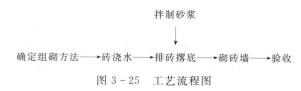

图 3-25 工艺流程图

3.3.3.4 质量标准

1. 主控项目

（1）砖和砂浆的强度等级必须符合设计要求。

（2）砌体灰缝砂浆应密实饱满，砖墙水平灰缝的砂浆饱满度不得低于 80%；砖柱水平灰缝和竖向灰缝饱满度不得低于 90%。

（3）非抗震设防及抗震设防烈度为 6 度、7 度地区的临时间断处，当不能留斜槎时，除转角处外，可留直槎，但直槎必须做成凸槎，且应加设拉结钢筋。

2. 一般项目

（1）砖砌体组砌方法应正确，内外搭砌，上、下错缝。检验方法：观察检查。

（2）砖砌体的灰缝应横平竖直，厚薄均匀。水平灰缝厚度及竖向灰缝宽度宜为 10mm，但不应小于 8mm，也不应大于 12mm。

3.3.3.5 成品保护

（1）墙体拉结筋，抗震构造柱钢筋，大模板混凝土墙体钢筋及各种预埋件、暖卫、电气管线等，均应注意保护。不得任意拆改或损坏。

（2）砂浆稠度应适宜，砌墙时应防止砂浆溅脏墙面。

（3）在吊放平台脚手架或安装大模板时，指挥人员和起重机司机要认真指挥和操作，防止碰撞刚砌好的砖墙。

（4）在高车架进料口周围，应用塑料薄膜或木板等遮盖，保持墙面洁净。

（5）尚未安装楼板或层面板的墙和柱，遇到大风时，应采取临时支撑等措施，以保证其稳定性。

3.3.3.6 应注意的质量问题

（1）基础墙与墙错台。基础砖撂底要正确，收退大放角两边要相等，退到墙身之前要检查轴线和边线是否正确，如偏差较小，可在基础部位纠正，不得在防潮层以上退台或出沿。

（2）清水墙游丁走缝。排砖时必须把立缝排匀，砌完一步架高度，每隔2m间距在丁砖立楞处用托线板吊直弹线，三步架往上继续吊直弹粉线，由底往上所有七分头的长度应保持一致，上层分窗口位置必须同下窗口保持垂直。

（3）灰缝大小不匀。立皮杆要保证标高一致，盘角时灰缝要掌握均匀，砌砖时小线要拉紧，防止一层线松，一层线紧。

（4）窗口上部立缝变活。清水墙排砖时，为了使窗间墙、垛排成好活，把破活排在中间位置，在砌过梁上第一行砖时，不得随意变动破活位置。

（5）砖墙鼓胀。外砖内模墙体砌筑时，在窗间墙上，抗震柱两边分上、中、下，留出6cm×12cm通孔，抗震柱外墙面垫5cm厚木板，用花篮螺栓与大模板连接牢固。混凝土要分层浇注，振捣棒不可直接触及外墙。楼层圈梁外3皮12cm砖墙也应认真加固。如在振捣时发现砖墙已鼓胀，应及时拆掉重砌。

（6）混水墙粗糙。舌头灰未刮尽，半头砖集中使用造成通缝；一砖厚墙背面偏差较大；砖墙错层造成螺栓墙。半头砖要分散使用在较大的墙体上，首层或楼层的第一皮砖要查对皮数杆的标高及层高，防止到顶砌成螺栓墙，一砖厚墙采用外手挂线。

（7）构造柱砌筑不符合要求。构造柱砖墙应砌成大马牙槎，设置好拉结筋，从柱脚开始应先退后进，当齿深12cm时上口一皮进6cm，再上一皮进12cm，以保证混凝土浇筑密实。构造柱内的落地灰、砖渣杂物应清理干净防止夹渣。

3.3.3.7 安全措施

（1）建立健全的安全环保责任制度、技术交底制度等各项管理制度。

（2）现场施工用电严格执行 JGJ 46—2005《施工现场临时用电安全技术规范（附条文说明）》。

（3）施工机械严格执行 JGJ 33—2012《建筑机械使用安全技术规程》。

（4）现场各施工面安全防护设施齐全有效，个人防护用品使用正确。

（5）在操作之前必须检查操作环境是否符合安全要求，道路是否畅通，机具是否完好牢固，安全设施和防护用品是否齐全，经检查符合要求后方可施工。

（6）砌基础时，应检查和经常注意基坑土质变化情况，有无崩裂现象。堆放砌筑材料应离开坑边1m以上。当深基坑装设挡土板或支撑时，操作人员应设梯子上下，不得攀跳。运料不得碰撞支撑，也不得踩踏砌体和支撑上下。

（7）墙体砌体高超过地坪1.2m以上时，应搭设脚手架。在1m以上或高度超过4m时，采用里脚手架必须支搭安全网；采用外脚手架应设护身栏杆和挡脚板。

（8）脚手架上堆料量不得超过规定荷载，堆砖高度不得超过3皮侧砖，同一块脚手板上得操作人员不应超过两人。

（9）在楼层（特别是预制板面）施工时，堆放机具、砖块等物品不得超过使用荷载。如超过荷载时，必须经过验算采取有效加固措施后，方可堆放及进行施工。

（10）不得站在墙顶上做画线、刮缝及清扫墙面或检查大角垂直等工作。

（11）不得用不稳固的工具或物体在脚手板面垫高操作，更不得在未经加固的情况下，在一层脚手架上再随意叠加一层。

（12）砍砖时应面向内打，防止碎砖跳出伤人。

（13）用于垂直运输的吊笼、滑车、绳索、刹车等，必须满足负荷要求，牢固无损；吊运时不得超载，并经常检查，发现问题及时修理。

（14）用起重机吊砖要用砖笼；吊砂浆的料斗不能装得过满。吊杆回转范围内不得有人停留，吊件落到架子上时，砌筑人员要暂停操作，并避开到一边。

（15）砖、石运输车辆两车前后距离平道上不小于 2m，坡道上不小于 10m；装砖时要先取高处后取低处，防止垛倒砸人。

（16）已砌好的山墙，应临时用联系杆（如檩条等）放置在各跨山墙上，使其联系稳定，或采取其他有效的加固措施。

3.3.3.8 环保措施

（1）现场实行封闭化施工，有效控制噪声、扬尘、废物排放。

（2）每天砌筑作业结束后至少检查一次，固体废弃物是否用袋装集中清运到指定地点交当地环保部门清运处理。

（3）每天完工后，检查一次机械设备是否进行清理，按期保养，清理的废机油、棉纱是否集中回收到指定地点交环保部门清运处理。

学习单元 3.4　加气混凝土砌块内墙砌筑

3.4.1　重点、难点分析

（1）砌体的平整度、垂直度控制。选用的砌块几何尺寸必须符合规范要求，并选择一致的砌块。砌筑应双面挂线以控制平整度、垂直度。

（2）砌块与拉结筋连接。必须把植筋的拉结筋伸入砌体，并满足锚固长度；砌块表面的黏结物的杂质及浮着物必须清理干净。

（3）砌体整体强度。砂浆应根据配合比，具有操作性、良好的和易性和保水性，稠度以 50～70mm 为宜，按照设计要求墙体超过 4m 留置构造柱。

3.4.2　施工准备

1. 材料准备及构造要求

（1）蒸压加气混凝土砌块的规格：100mm、150mm、200mm、250mm、300mm，外墙砌块的强度等级不应小于 A5.0，内墙砌块强度等级要求不应小于 A3.5。

（2）砂浆为混合砂浆，内加石灰膏，强度为 M5 或 M7.5，墙面抹灰砂浆强度等级不应低于 M5；顶层墙面抹灰强度等级不应低于 M7.5。

（3）墙拉结筋 $\phi6$、门窗洞口应采用钢筋混凝土过梁或宜采用与加气混凝土砌块配套的专用过梁，其宽度宜比砌体宽度小 20mm，以增加抹灰厚度，减少该处的热量散发。钢筋混凝土过梁两端应伸入墙体不小于 250mm；其支承面下应设置混凝土垫块，遇水平系梁时，垫块与水平系梁应浇成整体。当洞口宽度大于 2m 时，洞口两侧应设置钢筋混凝土边框。

（4）窗台应采用钢筋混凝土窗台梁，两端伸入墙体各 600mm；窗口下一皮砌块的底部应放置 3Φ6 纵向钢筋，两端伸入墙体不应小于 70mm。

2. 机具准备

机具准备包括搅拌机、后台计量设备、5mm 筛子、手推车、大铲、铁锹、刀锯、带齿刃、线锤、托线板、小白线、灰桶、铺灰铲、小锤、小水桶、水平尺、砂浆吊斗及垂直运输工具等。

3. 砌筑施工

（1）砌块进入施工现场时，供应方应提供生产厂家的产品合格证，经外观质量检查合格后，再按抽样规定的组数，抽取样品送有资质的检测机构检验，检验结果符合设计要求的方可使用（特别提示：砌块使用前，应有该批产品的合格证及抽样检验合格的报告）。

（2）砌块进入施工现场卸车、堆放时，为避免砌块破损，不得采用抛、翻等野蛮装卸方法，应轻拿轻放，砌块应按品种、规格、强度等级分别码堆整齐；现场堆放高度不宜超过 2m；砌块堆垛间应留有通道，并在堆垛上设有标志。场地地面要求平整、干燥，应堆置于室内或不受雨雪影响的场所，同时要求尽可能减少二次搬运和保持堆放场地的相对稳定，也要避免因堆垛倒塌造成破损和砌块过多吸水而影响强度及保温性能。如果发生二次搬运时，应采用专用运输车（即平板式车），不宜采用工地常用的翻斗车。

（3）植筋必须严格按设计图纸施工。墙体拉结筋采用 2Φ6 钢筋，竖向间距 500～600mm，锚入墙内长度不少于 1/5 墙长，且不少于 800mm。施工部位按栋号划分，施工部位植筋工序必须全部完成后方可砌筑。

（4）现场存放场地应夯实，平整，不积水，码放应整齐。装运过程轻拿轻放，避免损坏。按图纸堆放，避免或减少二次倒运。

（5）根据墙体尺寸和砌块规格，砌筑前进行平面排版设计，尽可能地减少现场切割量。根据砌块厚度与结构净空高度及门窗洞口尺寸切实安排好立面、剖面的排版设计，避免浪费。

（6）砌加气混凝土块的部位在结构墙体上按＋1000mm 标高线分层划出砌块的层数，安排好灰缝的厚度。

（7）砌筑前在加气混凝土块墙根部先砌好 200mm 高的蒸压粉煤灰砖。

（8）砌墙的前一天，应将加气混凝土砌块进行洒水湿润，保证砌体黏结牢固。

（9）遇有穿墙管线，应预先核实其位置、尺寸。以预留为主，减少事后剔凿破坏墙体稳定。

（10）样板领路制度：为统一填充墙施工工艺和施工质量，每一工序施工均根据监理工程师要求采用样板领路制度。即各工序施工前，先按技术交底要求，在进度较快的实验楼做好样板，由监理工程师检查符合质量要求，待监理工程师检查验收合格并书面确认后，方可进行大面积施工。

3.4.3 工艺流程

加气混凝土砌块内墙砌筑的工艺流程为：放线→墙体拉结筋植筋、构造柱植筋、构造柱绑扎→厨房、卫生间止水带模板支设、混凝土浇筑（200mm 高）→制备砂浆→砌块排列、铺砂浆→砌块就位→校正→竖缝灌砂浆→勾缝→墙面→清扫构造柱、过梁、压顶支设模板、浇筑→拆除模板→砌筑斜顶砖（7d 后）。

3.4.4 操作工艺

1. 放线

砌筑前，应按设计图纸弹出墙体的中线、标高 50 线、边线与门窗洞位置。

2. 拉结筋设置

砌筑前按砌块尺寸计算好皮数和排数，检查并修正补齐拉结钢筋。砌块与墙柱相接处拉结筋竖向间距为 500～600mm（根据所选用产品的高度规格决定），压埋 2 根Φ6 钢筋，两端伸入墙内不小于 1000mm 钢筋可采用植筋方法固定在框架柱上。

3. 厨房、卫生间止水带模板支设、混凝土浇筑

厨房、卫生间等潮湿房间及底层外墙的砌体应砌在高度不小于 200mm 的钢筋混凝土楼板的四周翻边上或相同高度的混凝土剪力墙上。

填充墙体底部应砌高强度砖（如灰砂砖、页岩砖、混凝土砖等），其高度不宜小于 200mm，使最上一皮留出大约 200mm 高的空隙，以便采用与原砌块同种材质的实心辅助小砌块斜砌，挤紧顶牢。

4. 砂浆制备

砌筑砂浆宜选用黏结性能良好的加气混凝土砌筑专用砂浆，其强度等级应不小于 M5，砂浆应具有良好的保水性，可在砂浆中掺入无机或有机塑化剂。

黏结剂应使用电动工具搅拌均匀。应随拌随用，拌和量宜在 3h 内用完为限；若环境温度高于 25℃，应在拌和后 2h 内用完。

5. 砌筑施工

（1）砌筑前清理基层，用 C20 细石混凝土或 1∶3 水泥砂浆找平。

（2）砌筑时，应以皮数杆为标志，拉好水准线，并从房屋转角处两侧与每道墙的两端开始。

（3）砌筑每楼层的第一皮砌块前，应先用水润湿基层，再用 M7.5 水泥砂浆铺砌，砌块的垂直灰缝应批刮黏结剂，并以水平尺、橡皮锤校正砌块的水平和垂直度。

（4）第二皮砌块的砌筑，须待第一皮砌块水平灰缝的黏结剂初凝后方可进行。

（5）每皮砌块砌筑前，宜先将下皮砌块表面（铺浆面）用磨砂板磨平，并用毛刷清理干净后再铺水平、垂直灰缝的黏结剂。

（6）每皮砌块砌筑时，宜用水平尺与橡胶锤校正水平、垂百位置，并做到上下皮砌块错缝搭接，搭砌长度不应小于砌块长度的 1/3，不能满足搭砌长度要求的通缝不应大于 2 皮。

（7）砌体转角和交接处应同时砌筑，对不能同时砌筑而又必须留设的临时间断处，应砌成斜槎，斜槎水平投影长度不小于高度的 2/3。接槎时，应先清理槎口，再铺黏结剂接砌。

（8）砌体的灰缝厚度和宽度应正确，其水平灰缝厚度及竖向灰缝宽度分别为 15mm 和 20mm。砌筑的水平、垂直的砂浆饱满度均应大于等于 80%。砌筑后宜对水平缝、垂

直缝进行勾缝，勾缝深度为 3～5mm。

（9）每日砌筑高度控制在 1.4m 以内，春季施工每日砌筑高度控制在 1.2m 以内，下雨天停止砌筑。

6. 检查校正

（1）砌上墙的砌块不应任意移动或撞击、若需校正，应在清除原黏结剂后，重新铺抹黏结剂进行砌筑。

（2）墙体砌完后必须检查表面平整度，如有不平整，应用钢齿磨砂板磨平，使偏差值控制在允许范围内。

（3）砌好的墙体用 2m 的检查靠尺检验墙体的垂直度，如偏差超出规范标准，应进行修整，使垂直度控制在规范允许的范围内。

7. 砌筑斜顶砖

填充墙砌至接近梁底时，应留一定空隙，并应至少间隔 7d 后，采用侧砖、立砖或砌块斜砌挤紧，其倾斜度约 60°，砌筑砂浆应饱满。

8. 过梁

砌块墙体的过梁应采用与砌块配套的专用过梁，也可用钢筋混凝土过梁或钢筋砌块过梁。但钢筋混凝土过梁宽宜比砌块墙两侧墙面各凹 5～10mm。

9. 墙与门窗框安装

（1）门窗安装应先在墙体中预留门窗洞，然后再安装门窗框。

（2）木门枢安装，应在门洞两侧的墙体中按上中、下位置每边砌入带防腐木砖的 C20 混凝土块，然后可用钉子或其他连接件固定。木门框与墙体间空隙应用 PU 发泡剂封填。

（3）内墙厚度等于或大于 200mm 时，木门樘可用尼龙锚栓直接固定。但锚栓位置宜在墙厚的正中间，离墙面水平距离不得小于 50mm。

（4）安装特殊装饰门，可用发泡结构胶固定木门框。

（5）安装塑钢、铝合金门窗，应在门窗洞两侧的墙体中按上、中、下位置每边砌入 C20 混凝土块，然后用尼龙锚栓或射钉将塑钢、铝合金门窗框连接件与预制混凝土块固定，框与砌体之间的缝隙用 PU 发泡剂填充密实。

10. 墙体暗敷线管

（1）水电管线（包括穿插墙套管、线盒、插座等）的暗敷工作，必须待墙体完成达到一定强度后方能进行。开槽或凿洞时，应使用轻型电动切割机并辅以手工开槽器。剔槽开洞时，与墙面夹角不得大于 45°。开槽及洞口的深度不宜超过墙厚的 1/3。

（2）现浇楼板中的管线弯进墙体时，应贴近墙面敷设，且垂直段高度不低于一皮砌块的高度。

（3）敷设管线后的沟槽、穿墙套管和预埋件等，应用 1：3 水泥砂浆填实，宜比墙面微凹 2mm，再用黏结剂补平，并沿槽长及洞口周边外贴大于 100mm 宽耐碱玻璃纤维网格布加强。

11. 其他

（1）切割砌块应使用手提式机具或相应的机械设备。

（2）砌筑时，严禁在墙体处留设脚手架孔。

（3）严格控制好加气混凝土砌块上墙砌筑时的含水率。采用专用砂浆砌筑时，砌体含水率应小于15%，并进行干砌；采用普通砂浆砌筑时，在控制含水率的同时，应提前1～2d浇水湿润。在高温季节砌筑时，宜向砌筑面适量浇水。

（4）砌块应堆置于室内或不受雨雪影响的干燥场所。在运输装卸砌块时，严禁车斗倾卸和抛掷。砌块应按品种、规格、强度等级分别堆码整齐，高度不应超过2.0m。砌块堆垛应设有标志，堆垛间留有通道。

3.4.5 质量标准

1. 保证项目

（1）使用的原材料和加气混凝土块品种，强度必须符合设计要求，质量应符合JC 315—1982《蒸压加气混凝土砌块》标准的各项技术性能指标，并有出厂合格证。

（2）砂浆的强度等级必须符合设计要求。砌块接缝砂浆必须饱满，按规定制作砂浆试块，试块的平均抗压强度不得低于设计强度，其中任意一组的最小抗压强度不得小于设计强度的75%。

（3）转角处必须同时砌筑，严禁留直槎，交接处应留斜槎。

2. 基本项目

（1）通缝：每道墙3皮砌块的通缝不得超过3处，不得出现4皮砌块及4皮砌块高度以上的通缝。灰缝均匀一致。

（2）接槎：砂浆要密实，砌块要平顺，不得出现破槎、松动，做到接槎部位严实。

（3）拉结筋（或钢筋混凝土拉结带）：间距、位置、长度及配筋的规格、根数符合设计要求。位置、间距的偏差不得超过1皮砌块，在灰缝中设置，视砌块的厚度而调整。

3. 允许偏差项目（见表3-12）

表3-12　　　　　　　　　加气混凝土砌体允许偏差　　　　　　　　单位：mm

项次	项 目	允许偏差	检 验 方 法
1	墙面垂直	5	用靠尺及线坠检查
2	墙面平整度	8	用2m靠尺塞尺检查
3	轴线位移	10	尺量
4	水平灰缝平直（10m以内）	10	拉通长线用尺量
5	门窗洞口宽度	±5	尺量
6	门口高度	+15、-5	尺量
7	外墙窗口上下偏移	20	以底层为准用经纬仪或吊线检查

4. 其他

砌体灰缝应横平竖直、砂浆饱满。灰缝砂浆饱满度不得小于90%，不允许存在透缝现象。

3.4.6 设计与施工应注意的质量问题

（1）砌块应根据确定的建筑平面图、剖面图以及结构和管线设计要求，在砌筑前进行砌块墙排块设计，根据排块设计尽量采用整块块砖的原则，适当调整砌块的外形尺寸，以减少锯砖或小于半块的砌块上墙。切锯砌块应使用专用工具，不允许用斧或瓦刀任意砍劈。

（2）卫生间、厨房间等有排水要求的部位，在楼板面上应设置与墙同宽且高度不小于200mm的现浇混凝土带，其内墙抹灰层应采取有效的防水措施。

（3）砌筑砂浆必须按照项目部专业工长给定的配合比进行搅拌配制。

（4）碎块上墙。原因是施工搬运中损坏较多，事前又不进行黏结，随意将破碎块砌墙，影响墙体的强度。应在砌筑前先将断裂块加工粘制成规格尺寸，然后再用。碎小块未经加工不得使用。

（5）墙体与板梁底部的连接不符合要求，出现较大空隙。原因是结构施工时板、梁底部未事先留置拉结筋，砌筑时又不采取拉结措施，影响墙体的稳定性。在结构施工时按要求在板、梁底部留好拉结筋，按要求做到墙顶连接牢固。

（6）黏结不牢。原因是用混合砂浆加107胶代替黏结砂浆使用，导致黏结不牢。应按操作工艺要求的配合比调制黏结砂浆，砌筑时用力挤压密实。

（7）拉结钢筋不符合规定。原因是拉结筋、拉结带不按规定预留、设置，造成砌体不稳定。拉结筋、拉结带应按设计要求留置，具体间距可视砌块灰缝而定，但不大于100mm。

（8）门窗洞口构造做法不符合规定。原因是未事先加工混凝土块，不符合设计构造大样图的规定，造成门窗洞口不牢。应先预制加工好足够的混凝土垫块，注意过梁梁端压接部位按规定放好4皮机砖，或放混凝土垫块。宜在门窗洞上口设钢筋混凝土带并整道墙贯通。

（9）灰缝不匀。原因是砌筑前对灰缝大小不进行计算，不做分层标记，不拉通线，使灰缝大小不一致，应先对墙体尺寸及砌块规格进行安排，适当调配皮数，将灰缝做出标记，拉通线砌筑，做到灰缝基本一致，墙面平整，灰缝饱满。

（10）排块及局部做法不合理。原因是砌筑前对整体立面、剖面及水平砌筑时不按规定排块，造成构造不合理，影响砌体质量。砌筑时排块及构造做法应依照12BJ1－1《建筑构造通用图集》的有关规定执行。

（11）构造柱与圈梁浇筑混凝土时，应采用不同的振捣工具进行振捣。

（12）过夜灰禁止使用，过夜灰每天进行清理。

3.4.7 成品保护

（1）门框安装后施工时应将门框两侧300～600mm高度范围钉铁皮保护，防止施工中撞坏。

（2）砌块在装运过程中，轻装轻放，计算好各房间的用量，分别码放整齐。搭拆脚手架时不要碰坏已砌墙体和门窗口角。

（3）落地砂浆及时清除，收集再用。以免与地面黏结，影响下道工序施工。

（4）设备槽孔以预留为主，尽量减少剔凿，必要时剔凿设备孔槽不得乱剔硬凿损坏，可划准尺寸用刀刃镂划。如造成墙体砌块松动，必须进行补强处理。

学习单元 3.5 料 石 砌 筑

3.5.1 料石砌筑工艺

1. 砌筑要求

（1）料石砌体应采用铺浆法砌筑。砂浆必须饱满，叠砌面的黏灰面积（即砂浆饱满度）应大于80%。

（2）料石砌体的转角处和交接处应同时砌筑。对不能同时砌筑而又必须留置的临时间断处，应砌成踏步槎。

2. 砌筑

（1）砌筑料石砌体时，料石应放置平稳。砂浆铺设厚度应略高于规定灰缝厚度，其高出厚度：细料石宜为3～5mm；粗料石、毛料石宜为6～8mm。

（2）料石基础砌体的第一皮应用丁砌层座浆砌筑。阶梯形料石基础，上级阶梯的料石应至少压砌下级阶梯的1/3。

（3）料石砌体应上下错缝搭砌。砌体厚度等于或大于两块料石宽度时，如同皮内全部采用顺砌，每砌两皮后，应砌一皮丁砌层；如同皮内采用丁顺组砌，丁砌石应交错设置，其中心间距不应大于2m。

（4）料石砌体水平灰缝厚度，应按料石种类确定，细料石砌体不宜大于5mm；粗料石和毛料石砌体不宜大于20mm。

（5）料石墙长度超过设计规定时，应按设计要求设置变形缝，料石墙分段砌筑时，其砌筑高低差不得超过1.2m。

（6）在料石和毛石或砖的组合墙中，料石砌体和毛料石砌体或砖砌体应同时砌筑，并每隔2～3皮料石层用丁砌层与毛料石砌体或砖砌体拉结砌合。丁砌料石的长度宜与组合墙厚度相同。

3. 毛石砌筑

（1）砌筑毛石基础的第一皮石块应座浆，并将大面向下。毛石基础的扩大部分，如做成阶梯形，上级阶梯的石块应至少压砌下级阶梯的1/2，相邻阶梯的毛石应相互错缝搭砌。

（2）毛料石砌体的第一皮及转角处、交接处和洞口处，应用较大的平毛石砌筑，砌体的最上一皮，宜选用较大的毛石砌筑。

（3）毛料石砌体宜分皮卧砌，各皮石块间应利用自然形状经敲打修整使能与先砌石块基本吻合、搭砌紧密；应上下错缝，内外搭砌，不得采用外面侧立石块中间填心的砌筑方法；中间不得用铲口石（尖石倾斜向外的石块）、斧刃石和过桥石（仅在两端搭砌的石块）。

（4）毛料石砌体的灰缝厚度宜为20～30mm，石块间不得有相互接触的现象。石块间较大的空隙应先填塞砂浆后用碎石块嵌实，不得采用先摆碎石块后塞砂浆或干填碎石块的方法。

（5）毛料石砌体必须设置拉结石。拉结石应均匀分布，相互错开，毛石基础同皮内每隔 2m 左右设置一块；毛石墙一般每 0.7m² 墙面至少应设置一块，且同皮内的中距不应大于 2m。

拉结石的长度，如基础宽度或墙厚等于或小于 400mm，应与宽度或厚度相等；如基础宽度或墙厚大于 400mm，可用两块拉结石内外搭接，搭接长度不应小于 150mm，且其中一块长度不应小千基础宽度或墙厚的 2/3。

（6）在毛石和实心砖的组合墙中，毛料石砌体与砖砌体应同时砌筑，并每隔 4~6 皮砖用 2~3 皮丁砖与毛料石砌体拉结砌合两种砌体间的空隙应用砂浆填满。

（7）毛石墙和砖墙相接的转角处和交接处应同时砌筑。转角处、交接处应自纵墙（或横墙）每隔 4~6 皮砖高度引出不小于 120mm 与横墙（或纵墙）相接。

（8）砌筑毛石挡土墙应符合下列规定：

1）每砌 3~4 皮为一个分层高度，每个分层高度应找平一次。

2）两个分层高度分层处的错缝不得小于 80mm。

（9）料石挡土墙，当中间部分用毛石砌筑时，丁砌料石伸入毛石部分的长度不应小于 200mm。

（10）挡土墙的泄水孔无规定时，施工应符合下列规定：

1）泄水孔应均匀设置，在每米高度上间隔 2m 左右设置一个泄水孔。

2）泄水孔与土体间铺设长宽各为 300mm、厚 200mm 的卵石或碎石做疏水层。

（11）挡土墙内侧回填土必须分层夯填，分层松土厚度应为 300mm。墙顶土面应有适当坡度使流水流向挡土墙外侧面。

4. 基础砌筑

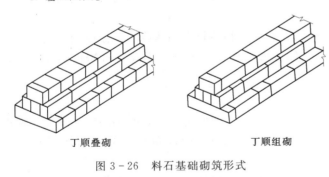

图 3-26　料石基础砌筑形式

（1）基础砌筑形式有丁顺叠砌和丁顺组砌。丁顺叠砌是一皮顺石与一皮丁石相隔砌筑，上下皮竖缝相互错开 1/2 石宽；丁顺组砌是同皮内 1~3 块顺石与一块丁石相隔砌筑，丁石中距不大于 2m，上皮丁石坐中于下皮顺石，上下皮竖缝相互错开至少 1/2 石宽，如图 3-26 所示。

（2）阶梯形料石基础，上阶料石应至少压砌下阶料石的 1/3。

5. 墙体砌筑

（1）料石墙砌筑形式有二顺一丁、丁顺组砌和全顺叠砌。二顺一丁是 2 皮顺石与 1 皮丁石相间，宜用于墙厚等于两块料石宽度时；丁顺组砌是同皮内每 1~3 块顺石与一块丁石相隔砌筑，丁石中距不大于 2m，上皮丁石坐中于下皮顺石，上下皮竖缝相互错开至少 1/2 石宽，宜用于墙厚等于或大于两块料石宽度时；全顺是每皮均匀为顺砌石，上下皮错缝相互错开 1/2 石长，宜用于墙厚度等于石宽时，如图 3-27 所示。

（2）砌料石墙面应双面挂线（除全顺砌筑形式外），第一皮可按所放墙边砌筑，以上各皮均按准线砌筑，可先砌转角处和交接处，后砌中间部分。

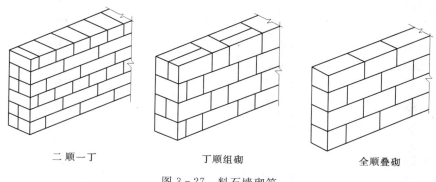

二顺一丁　　　　　丁顺组砌　　　　　全顺叠砌

图 3-27　料石墙砌筑

（3）料石可与毛石或砖砌成组合墙。料石与毛石的组合墙，料石在外，毛石在里；料石与砖的组合墙，料石在里，砖在外，也可料石在外，砖在里。

（4）砌筑时，砂浆铺设厚度应略高于规定灰缝厚度，其高出厚度：细料石宜为 3～5mm；粗料石、毛料石宜为 6～8mm。

（5）在料石和毛石或砖的组合墙中，料石和毛石或砖应同时砌起，并每隔 2～3 皮料石用丁砌石与毛石或砖拉结砌合，丁砌料石的长度宜与组合墙厚度相同。

（6）料石墙的转角处及交接处应同时砌筑，如不能同时砌筑，应留置斜槎。

（7）料石清水墙中不得留脚手眼。

6. 料石柱砌筑

（1）石柱有整石柱和组砌柱两种。整石柱每一皮料石是整块的，只有水平灰缝无竖向灰缝；组砌柱每皮由几块料石组砌，上下皮竖缝相互错开，如图 3-28 所示。

（2）料石柱砌筑前，应在柱座面上弹出柱身边线，在柱座侧面弹出柱身中心。

（3）砌整石柱时，应将石块的叠砌面清理干净。先在柱座面上抹一层水泥砂浆，厚约 10mm，再将石块对准中心线砌上，以后各皮石块砌筑应先铺好砂浆，对准中心线，将石块砌上。石块如有竖向偏移，可用铜片或铝片在灰缝边缘内垫平。

（4）砌组砌柱时，应按规定的组砌形式逐皮砌筑，上下皮竖缝相互错开，无通天缝，不得使用垫片。

（5）砌筑料石柱，应随时用线坠检查整个柱身的垂直度，如有偏斜应拆除重砌，不得用敲击方法去纠正。

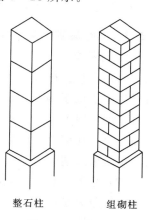

整石柱　　　　组砌柱

图 3-28　料石柱

7. 石墙面勾缝

（1）清理墙面、抠缝。勾缝前用竹扫帚将墙面清扫干净，洒水润湿如果砌墙时没有抠好缝，就要在勾缝前抠缝，并确定抠缝深度，一般是勾平缝的墙缝要抠深 5～10mm；勾凹缝的墙缝要抠深 20mm；勾三角凸和半圆凸缝的要抠深 5～10mm；勾平凸缝的，一般只要稍比墙面凹进一点就可以。

（2）确定勾缝形式。勾缝形式一般由设计决定。凸缝可增加砌体的美观，但比较费力；凹缝常使用于公共建筑的装饰墙面；平缝使用最多，但外观不漂亮，挡土墙、护坡等最适宜。各种勾缝形式如图 3-29 所示。

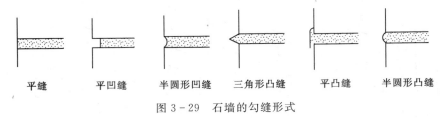

| 平缝 | 平凹缝 | 半圆形凹缝 | 三角形凸缝 | 平凸缝 | 半圆形凸缝 |

图 3-29　石墙的勾缝形式

（3）砂浆拌制。

1）均勾缝一般使用 1∶1 水泥砂浆，稠度 4～5cm 砂子可采用粒径为 0.3～1 的细砂，一般可用 3mm 孔径的筛子过筛。因砂浆用量不多，一般采取人工拌制。

2）砂浆初凝后，如移动已砌筑的石块，应将原砂浆清理干净，重新铺浆砌筑。

（4）勾缝。勾缝应自上而下进行，先勾水平缝后勾竖缝。如果原组砌的石墙缝纹路不好看，也可增补一些砌筑灰缝，但要补得好看可另在石面上做出一条假缝，不过这只适用于勾凸缝的情况。

1）勾平缝。用勾缝工具把砂浆嵌入灰缝中，要嵌塞密实，缝面与石面相平，并把缝面压光。

2）勾凸缝。先用小抿子把勾缝砂浆填入灰缝中，将灰缝补平，待初凝后抹上第二层砂浆。第二层砂浆可顺着灰缝抹 0.5～1cm 厚，并盖住石棱 5～8mm 待收水后，将多余部分切掉，但缝宽仍应盖住石棱 3～4mm，并要将表面压光压平，切口溜光。

3）勾凹缝。灰缝应抠进 20mm 深，用特制的溜子把砂浆嵌入灰缝内，要求比石面深 10mm 左右，将灰缝面压平溜光。

3.5.2　料石基础砌筑工程施工工艺

1. 材料要求

（1）石材。料石砌体所用的石材应质地坚实、无风化剥落和裂纹，应有出厂合格证。石材强度不低于 MU20，岩种应符合设计要求，无裂缝；料石中部厚度不小于 200mm；料石厚度一般不小于 200mm，料石应六面方整，四角齐全、边棱整齐。用于清水墙、柱表面石材，还应色泽均匀。料石的加工细度应符合设计要求。石材表面的污垢、水锈等杂质，砌筑前应清除干净。

（2）水泥。宜采用强度等级 32.5 级普通硅酸盐水泥或矿渣硅酸盐水泥，产品应有出厂合格证及复试报告。

（3）砂。宜用中砂，并通过 5mm 筛孔。配制 M5（含 M5）以上砂浆，砂的含泥量不应超过 5%；M5 以下砂浆，砂的含泥量不应超过 10%，不得含有草根等杂物。

（4）掺合料。有石灰膏、磨细生石灰粉、电石膏和粉煤灰等，石灰膏的熟化时间不应少于 7d，严禁使用冻结或脱水硬化的石灰膏。

（5）水。应用自来水或不含有害物质的洁净水。

2. 主要机具设备

（1）机具。砂浆搅拌机、筛砂机和淋灰机等。

（2）工具。大铲、瓦刀、手锤、大锤、手凿、灰槽、勾缝条和手推胶轮车等。

（3）检测工具。水准仪、经纬仪、钢卷尺、皮数杆、线坠、水平尺、磅秤、砂浆试模等。

3. 作业条件

（1）地基已验收完毕。

（2）根据图纸要求，做好测量放线工作，设置水准基点桩和立好皮数杆。有坡度要求的砌体，立好坡度门架。

（3）基础清扫后，按施工图在地基上弹好轴线、边线、洞口和其他尺寸位置线，并复核标高。

（4）料石应按需要数量堆放于砌筑部位附近；料石应按规格和数量在砌筑前组织人员集中加工，按不同规格分类堆放、堆码，以备使用。

（5）选择好施工机械、包括垂直运输、水平运输、墙体砌筑和料石安装等小型机械，尽量减轻人工搬运的笨重体力劳动，以提高工效。

（6）砌筑砂浆应根据设计要求和现场实际材料情况，由试验室通过试验确定配合比。

（7）确保基槽边坡稳定，无坍塌危险。

（8）项目部建立健全了各项管理制度，管理人员持证上岗；对作业班组进行了质量、安全、技术交底；班组作业人员中、高级工不少于70%，并应具有同类工程的施工经验。

4. 工艺流程

基础抄平、放线→材料见证取样、配置砂浆→基底找平、石块砌筑。

5. 施工要点

（1）砌料石基础应双面拉准线。第一皮按所放的基础边线砌筑，以上各皮按皮数杆准线砌筑。

（2）料石砌筑时可先砌转角处和交接处，后砌中间部分。

（3）砂浆配合比应由试验室确定，采用质量比，砂浆宜用机械搅拌，砌筑的砂浆必须机械搅拌均匀，随拌随用。水泥砂浆和混合砂浆分别应在3h和4h内使用完毕。细石混凝土应在2h内用完。

（4）水泥砂浆和水泥混合砂浆的搅拌时间不得少于2min，掺外加剂的砂浆不得少于3min，掺有机塑化剂的砂浆应为3~5min。同时还应具有较好的和易性和保水性，一般稠度以5~7cm为宜。外加剂和有机塑化剂的配料精度应控制在±2%以内，其他配料精度应控制在±5%以内。

（5）在每一楼层或250m³的砌体中，对每种强度等级的砂浆或混凝土，应至少制作一组试块（每组6块）。如砂浆和混凝土的强度等级或配合比变更时，也应制作试块以便检查。

（6）料石基础的第一皮应丁砌，在基底座浆。阶梯形基础，上阶料石基础应至少压砌下阶料石的1/3宽度。

（7）灰缝厚度不宜大于20mm，砌筑时，砂浆铺设厚度应略高于规定灰缝厚度，一般高出厚度为6~8mm，砂浆应饱满。

（8）阶梯形毛石基础，上阶的石块应至少压砌下阶石块的1/2，相邻阶梯毛石应相互错缝搭接。

（9）有高低台的料石基础，应从低处砌起，并由高台向低台搭接，搭接长度不小于基础高度。

（10）料石基础转角处和交接处应同时砌起，如不能同时砌起又必须留槎时，应留成斜槎，斜槎长度应不小于斜槎高度。斜槎面上毛石不应找平，继续砌筑时应将斜槎面清理干净。

（11）料石基础每天可砌筑高度为1.2m。

6. 质量标准

（1）主控项目。

1）料石及砂浆强度等级必须符合设计要求。

2）料石基础砌体砂浆饱满度不应小于80%。

3）料石基础砌体的轴线位置及垂直度允许偏差应符合表3-13的规定。

表 3-13　　　　　　　料石基础砌体的轴线位置及垂直度允许偏差　　　　　　单位：mm

项　　目	允许偏差	检 查 方 法
轴线位置偏移	15	用经纬仪和尺检查

（2）一般项目。

1）料石基础砌体的组砌形式应内外搭砌、上下错缝，拉结石、丁砌石交错设置；毛石墙拉结石每0.7m² 墙面不应少于1块。

2）料石基础砌体的一般尺寸允许偏差应符合表3-14的规定。

表 3-14　　　　　　　　料石基础砌体的一般尺寸允许偏差　　　　　　　单位：mm

项　次	项　　目	允许偏差	检 验 方 法
1	基础顶面标高	±15	用水准仪和尺检查
2	砌体厚度	±15	用尺检查

3.5.3　料石墙砌体工程施工工艺

1. 适用范围

本施工工艺适用于料石墙砌体施工。

2. 材料要求

（1）石材。料石应符合设计要求。石料应质地坚实，强度不低于MU20，岩种应符合设计要求，无风化、裂缝；料石厚度一般不小于200mm，料石的加工细度应符合设计要求，污垢、水锈使用前应用水冲洗干净。

（2）水泥。宜采用强度等级32.5级普通硅酸盐水泥或矿渣硅酸盐水泥，产品应有出厂合格证及复试报告。

（3）砂。宜用中砂，并通过5mm筛孔。配制M5（含M5）以上砂浆，砂的含泥量不应超过5%；M5以下砂浆，砂的含泥量不应超过10%，不得含有草根等杂物。

（4）掺合料。有石灰膏、磨细生石灰粉、电石膏和粉煤灰等，石灰膏的熟化时间不应少于 7d，严禁使用冻结或脱水硬化的石灰膏。

（5）水。应用自来水或不含有害物质的洁净水。

3. 主要机具设备

（1）机具。砂浆搅拌机、筛砂机和淋灰机等。

（2）工具。大铲、瓦刀、手锤、大锤、手凿、灰槽、勾缝条和手推胶轮车等。

（3）检测工具。水准仪、经纬仪、钢卷尺、皮数杆、线坠、水平尺、磅秤、砂浆试模等。

4. 作业条件

（1）基础已通过验收，土方回填完毕。

（2）根据图样要求，做好测量放线工作，设置水准基点桩和立好皮数杆。有坡度要求的砌体，立好坡度门架。

（3）基础清扫后，按施工图在基础上弹好轴线、边线、门窗洞口和其他尺寸位置线，并复核标高。

（4）料石应按需要数量堆放于砌筑部位附近；料石应按规格和数量在砌筑前组织人员集中加工，按不同规格分类堆放、堆码，以备使用。

（5）选择好施工机械，包括垂直运输和水平运输机械，尽量减轻人工搬运的笨重体力劳动，以提高工效。

（6）砌筑砂浆应根据设计要求和现场实际材料情况，由试验室通过试验确定配合比。

（7）常温施工时，砌石前一天应将料石浇水湿润。

（8）操作用脚手架、斜道以及水平、垂直防护设施已准备齐全。

（9）项目部建立健全了各项管理制度，管理人员持证上岗；对作业班组进行了质量、安全、技术交底；班组作业人员中、高级工不少于 70%，并应具有同类工程的施工经验。

5. 施工操作工艺

基础验收→墙体放线→拌制砂浆→立皮数杆→试排摆底→墙体盘角→砌筑→勾缝。

6. 施工要点

（1）料石墙砌筑有以下形式：

1）全顺砌筑，每皮均为顺砌石，上下皮竖缝相互错开 1/2 石长。适合于墙厚等于石宽时。

2）丁顺叠砌，一皮顺砌石与一皮丁砌石相隔砌成，上下皮顺石与丁石间竖缝相互错开 1/2 石宽。适合于墙厚等于石长时。

3）丁顺组砌，同皮内每 1～3 块顺石与一块丁石相间砌成，上皮丁石座中于下皮顺石，上下皮竖缝相互错开至少 1/2 石宽，丁石中距不超过 2m。适合于墙厚等于或大于两块料石宽度时。

（2）砌料石墙应双面拉准线。第一皮按所放的墙边线砌筑，以上各皮按准线砌筑。

（3）料石砌筑时可先砌转角处和交接处，后砌中间部分。

（4）料石墙的第一皮及每个楼层的最上一皮应丁砌。

（5）灰缝厚度：细料石墙不宜大于 5mm；半细料石墙不宜大于 10mm；粗料石和毛料石墙不宜大于 20mm。

（6）砌筑时，砂浆铺设厚度应略高于规定灰缝厚度，其高出厚度：细料石、半细料石宜为3～5mm；粗料石、毛料石一般高出厚度为6～8mm，砂浆应饱满。

（7）砂浆配合比应由试验室确定，采用质量比，砌筑的砂浆必须机械搅拌均匀，随拌随用。水泥砂浆和混合砂浆分别应在3h和4h内使用完毕。细石混凝土应在2h内用完。

（8）水泥砂浆和水泥混合砂浆的搅拌时间不得少于2min，掺外加剂的砂浆不得少于3min，掺有机塑化剂的砂浆应为3～5min。同时还应具有较好的和易性和保水性，一般稠度以5～7cm为宜。外加剂和有机塑化剂的配料精度应控制在±2％以内，其他配料精度应控制在±5％以内。

（9）在每一楼层或250m³的砌体中，对每种强度等级的砂浆或混凝土，应至少制作一组试块（每组6块）。如砂浆和混凝土的强度等级或配合比变更时，也应制作试块以便检查。

（10）在料石和砖的组合墙中，料石和砖应同时砌起，并每隔2～3皮料石用丁砌石与毛石或砖拉结砌合，丁砌料石的长度宜与组合墙厚度相同。

（11）料石基础转角处和交接处应同时砌起，如不能同时砌起又必须留槎时，应留成斜槎，斜槎长度应不小于斜槎高度。斜槎面上毛石不应找平，继续砌筑时应将斜槎面清理干净。

（12）料石墙每天可砌筑高度为1.2m。

（13）料石清水墙中不得留脚手眼。

（14）砌筑时，石块上下皮应互相错缝，内外交错搭砌，避免出现重缝、干缝、空缝和孔洞，同时应注意合理摆放石块，以免砌体承重后发生错位、劈裂、外鼓等现象。

（15）如砌筑时料石的形状和大小不一，难以每皮砌平，亦可采取不分皮砌法，每隔一定高度大体砌平。

（16）为增强墙身的横向力，料石墙每0.7m²的墙面至少应设置一块拉结石，并应均匀分布，相互错开，在同皮内的中距不应大于2m。拉结石长度，如墙厚等于或小于40cm，应等于墙厚；墙厚大于40cm，可用两块拉结石内外搭接，搭接长度不应小于15cm，且其中一块长度不应小于墙厚的2/3。

（17）在转角及两墙交接处应用较大和较规整的垛石相互搭砌，并同时砌筑，必要时设置钢筋拉结条。如不能同时砌筑，应留阶梯形斜槎，其高度不应超过1.2m，不得留锯齿形直槎。

（18）正常气温下，停歇4h后可继续垒砌料石墙。每砌3～4层应大致找平一次，中途停工时，石块缝隙内应填满砂浆，但该层上表须待继续砌筑时再铺砂浆。砌至楼层高度时，应使用平整的大石块压顶并用水泥砂浆全面找平。

（19）料石墙的砌筑形式有全顺、丁顺叠砌、丁顺组砌等方式，第一皮及每个楼层的最上一皮丁砌。组砌前应按石料及灰缝平均厚度计算层数，立皮数杆。砌筑时，上下皮应错缝搭接；砌体转角交接处，石块应相互搭接。料石宜用"铺浆法"砌筑，铺浆厚度20mm石块搭砌有困难时，则应每隔1.0～1.5m高度设置钢筋网或钢筋拉结条。

（20）料石墙勾缝应保持砌合的自然缝，一般采用平缝或凸缝。勾缝前应先剔缝，将灰浆刮深20～30mm，墙面用水湿润，再用1:（1.5～2.0）水泥砂浆勾缝。缝条应均匀一致，深度相同，十字、丁字形搭接处应平整通顺。

7. 质量标准

（1）主控项目。

1）料石及砂浆强度等级必须符合设计要求。

2）料石墙砌体砂浆饱满度不应小于80%。

3）料石墙砌体的轴线位置及垂直度允许偏差应符合表3-15的规定。

表 3-15 料石墙砌体的轴线位置及垂直度允许偏差 单位：mm

项次	项　目		允许偏差	检 查 方 法
1	轴线位置偏移		15	用经纬仪和尺检查
2	垂直度	每层	20	用经纬仪、吊线和尺检查
		全高	30	用经纬仪、吊线和尺检查

（2）一般项目。

1）料石墙砌体的组砌形式应内外搭砌、上下错缝，拉结石、丁砌石交错设置；毛石墙拉结石每0.7m² 墙面不应少于1块。

2）料石墙砌体的一般尺寸允许偏差应符合表3-16的规定。

表 3-16 料石墙砌体的一般尺寸允许偏差 单位：mm

项　目		允许偏差	检 查 方 法
墙体顶和楼面标高		±15	用水平仪和尺检查
表面平整度	清水墙	20	用2m靠尺和楔形塞尺检查
	混水墙	20	
砌体厚度		+20、-10	用尺检查
清水墙水平灰缝平直度		20	拉10m线检查

3.5.4 料石柱砌体工程施工工艺

1. 适用范围

本施工工艺适用于料石柱砌体工程施工。

2. 材料要求

（1）料石。应质地坚实，强度不低于MU20，岩种应符合设计要求，无风化、裂缝；料石厚度一般不小于200mm，料石的加工细度应符合设计要求，如料石表面有污垢、水锈，在使用前应用水冲洗干净。

（2）水泥。宜采用强度等级32.5级普通硅酸盐水泥或矿渣硅酸盐水泥，产品产品应有出厂合格证或试验报告。

（3）砂。宜用中砂，并通过5mm筛孔。配制M5（含M5）以上砂浆，砂的含泥量不应超过5%；M5以下砂浆，砂的含泥量不应超过10%，不得含有草根等杂物。

（4）掺合料。有石灰膏、磨细生石灰粉、电石膏和粉煤灰等，石灰膏的熟化时间不应少于7d，严禁使用冻结或脱水硬化的石灰膏。

（5）水。应用自来水或不含有害物质的洁净水。

3. 主要机具设备

（1）机具。砂浆搅拌机、筛砂机和淋灰机等。

（2）工具。大铲、瓦刀、手锤、大锤、手凿、灰槽、勾缝条和手推胶轮车等。

（3）检测工具。水准仪、经纬仪、钢卷尺、皮数杆、线坠、水平尺、磅秤、砂浆试模等。

4. 作业条件

（1）根据图样要求，做好测量放线工作，设置水准基点桩和立好皮数杆。

（2）基础清扫后，按施工图在基础上弹好柱轴线、边线，并复核标高。

（3）料石应按需要数量堆放于砌筑部位附近；料石应按规格和数量在砌筑前组织人员集中加工，按不同规格分类堆放、堆码，以备使用。

（4）选择好施工机械、包括垂直运输、水平运输、墙体砌筑和料石安装等小型机械，尽量减轻人工搬运的笨重体力劳动，以提高工效。

（5）砌筑砂浆应根据设计要求和现场实际材料情况，由试验室通过试验确定配合比。

（6）项目部建立健全了各项管理制度，管理人员持证上岗；对作业班组进行了质量、安全、技术交底；班组作业人员中、高级工不少于70%，并应具有同类工程的施工经验。

5. 施工操作工艺

基础验收→找平放线→搅拌砂浆→选石砌筑。

6. 施工要点

（1）料石柱砌筑前，应在柱座面上弹出柱身边线，在柱座侧面弹出柱身中心线。

（2）整石柱所用石块，其四侧应弹出石块中心线。

（3）砌整石柱时，应将石块的叠砌面清理干净。先在柱座面上抹一层水泥砂浆，厚约10mm，再将石块对准中心线砌上，以后各皮石块砌筑应先铺好砂浆，对准中心线，将石块砌上。石块如有竖向偏斜，可用铜片或铝片在灰缝边缘内垫平。

（4）砌组砌柱时，应按规定的组砌形式逐皮砌筑，上下皮竖缝应相互错开，无通天缝，不得使用垫片。

（5）砂浆配合比应由试验室确定，采用质量比，砌筑的砂浆必须机械搅拌均匀，随拌随用。水泥砂浆和混合砂浆分别应在3h和4h内使用完毕。细石混凝土应在2h内用完。

（6）水泥砂浆和水泥混合砂浆的搅拌时间不得少于2min，掺外加剂的砂浆不得少于3min，掺有机塑化剂的砂浆应为3~5min。同时还应具有较好的和易性和保水性，一般稠度以5~7cm为宜。外加剂和有机塑化剂的配料精度应控制在±2%以内，其他配料精度应控制在±5%以内。

（7）在每一楼层或250m³的砌体中，对每种强度等级的砂浆或混凝土，应至少制作一组试块（每组6块）。如砂浆和混凝土的强度等级或配合比变更时，也应制作试块以便检查。

（8）灰缝要横平竖直。灰缝厚度：细料石墙不宜大于5mm；半细料石墙不宜大于10mm。

（9）砌筑时，砂浆铺设厚度应略高于规定灰缝厚度，其高出厚度：细料石宜为3~

5mm，砂浆应饱满。

（10）砌筑料石柱，应随时用线坠检查整个柱身的垂直，如倾斜应拆除重砌，不得用敲击方法纠正。

（11）料石柱每天可砌筑高度为 1.2m。砌筑完后应立即加以围护，严禁碰撞。

（12）石柱勾缝应保持砌合的自然缝，一般采用平缝或凸缝。勾缝前应先剔缝，将灰浆刮深 20～30mm，墙面用水湿润，再用 1：（1.5～2.0）水泥砂浆勾缝。缝条应均匀一致，深度相同，十字、丁字形搭接处应平整通顺。

7. 质量标准

（1）主控项目。

1）石材及砂浆强度等级必须符合设计要求。

2）石材柱砌体砂浆饱满度不应小于 80％。

3）石砌体柱的轴线位置及垂直度允许偏差应符合表 3-17 的规定。

表 3-17　　石砌体柱的位置及垂直度允许偏差　　单位：mm

项次	项　目		允许偏差	检　查　方　法
1	轴线位置偏移		15	用经纬仪和尺检查
2	垂直度	每层	20	用经纬仪、吊线和尺检查
		全高	30	用经纬仪、吊线和尺检查

（2）一般项目。

1）石砌体柱的组砌形式应正确。

2）石砌体柱的一般尺寸允许偏差应符合表 3-18 的规定。

表 3-18　　石砌体柱的一般尺寸允许偏差　　单位：mm

项次	项　目		允许偏差	检　查　方　法
1	柱体顶和楼面标高		±15	用水平仪和尺检查
2	表面平整度	清水柱	20	用 2m 靠尺和楔形塞尺检查
		混水柱	20	
3	砌体厚度		+20、-10	用尺检查
4	清水柱水平灰缝平直度		20	拉 10m 线检查

3.5.5　料石过梁与料石拱砌体工程施工工艺

1. 适用范围

本施工工艺适用于工业与民用建筑的各种料石过梁与料石拱砌体工程施工。

2. 材料性能要求

（1）料石。料石强度等级必须符合设计要求，并应规格一致；产品有出厂合格证及复试单。

（2）水泥。宜采用强度等级 32.5 级普通硅酸盐水泥或矿渣硅酸盐水泥，产品应有出厂合格证及复试报告。

（3）砂。宜用中砂，并通过 5mm 筛孔。配制 M5（含 M5）以上砂浆，砂的含泥量不应超过 5％；M5 以下砂浆，砂的含泥量不应超过 10％，不得含有草根等杂物。

（4）掺合料。有石灰膏、磨细生石灰粉、电石膏和粉煤灰等，石灰膏的熟化时间不应少于 7d，严禁使用冻结或脱水硬化的石灰膏。

（5）水。应用自来水或不含有害物质的洁净水。

3. 主要机具设备

（1）机具。应备有砂浆搅拌机、筛砂机和淋灰机等。

（2）工具。应备有大铲、刨锛、瓦刀、托线板泥桶、存灰槽、砖夹、筛子、勾缝条、运砖车、灰浆车、翻斗车和砖笼等。

（3）检测工具。水准仪、经纬仪、钢卷尺、皮数杆、线坠、水平尺、磅秤、砂浆试模等。

4. 作业条件

（1）砌筑前，过梁或拱下砌体应经验收合格，弹好过梁或拱轴线边线的位置线。

（2）支好过梁或拱的模板。

（3）砌筑部位（基础或楼板等）的灰渣，杂物清除干净，并浇水湿润。

（4）砂浆由试验室做好试配，确定配合比；准备好砂浆试模。

（5）搭好砌筑用的脚手架，垂直运输机具准备就绪。

（6）项目部建立健全了各项管理制度，管理人员持证上岗；对作业班组进行了质量、安全、技术交底；班组作业人员中、高级工不少于 70％，并应具有同类工程的施工经验。

5. 工艺流程

抄平放线→支模板→绑扎钢筋→搅拌砂浆→选石砌筑。

6. 料石过梁施工要点

（1）用料石做过梁，其厚度应为 200～450mm，净跨度不宜大于 1.2m，两端各伸入墙内长度不应小于 250mm，过梁宽度与墙厚相同，也可用双拼料石，过梁底面应加工平整。

（2）过梁上续砌料石墙时，其正中一块料石长度应不小于过梁净跨度的 1/3，其两边的料石长度应不小于过梁净跨度的 2/3。

7. 料石平拱施工要点

（1）用料石做平拱，应按设计要求加工，如设计无规定，则应将料石加工成上宽下窄的楔形。斜度应预先设计。拱两端部的石块，在拱角处坡度以 60°为宜。平拱的石块数应为单数，拱厚与墙厚相等，高度为两皮料石高，拱脚处斜面应修整加工，使与拱石相吻合。

（2）平拱砌筑时，应先支设模板，在模板上画出石块位置线，并以两边对称地向中间砌，正中一块锁石要挤紧。所用砂浆强度等级应不低于 M10，灰缝厚度宜为 5mm。

（3）过梁底的模板，应待砂浆强度达到设计强度 70％以上，方可拆除。

8. 料石圆拱施工要点

（1）用料石做圆拱，石块应进行细加工，使其接触面吻合严密，形状及尺寸均应符合设计要求。

（2）圆拱砌筑时，应先支设模板，在模板上画出石块中心线，并由拱脚对称地向中间砌筑，正中一块拱冠石要对中挤紧。

（3）砌拱所用砂浆强度等级应不低于 M10。灰缝厚度宜为 5mm。

（4）砂浆强度达到设计强度 70％以上，方可拆除拱底模板。

9. 质量标准

（1）主控项目。

1）料石和砂浆的强度等级必须符合设计要求。

2）料石砌体灰缝应砂浆饱满。

（2）一般项目。料石过梁及拱砌体组砌方法应正确。

学习项目4 砌筑基本功

1. 取砖

当选中某块砖时，取砖方法由手指拿大面改为手指拿条面，如图4-1所示。

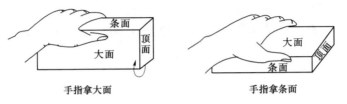

图4-1 取砖

2. 选取砖面

（1）旋砖。将砖平托在左手掌上，使掌心向上，砖的大面贴手心，这时用该手的食指或中指稍勾砖的边棱，依靠四指向大拇指方向的运动，配合抖腕动作，使砖旋转180°，如图4-2所示。

（2）翻转砖。将砖拿起，掌心向上，用拇指推其砖的条面，然后四指用力向上，使得砖面反转，如图4-3所示。

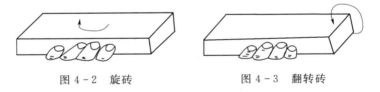

图4-2 旋砖　　　　　　　图4-3 翻转砖

3. 取灰

将砖刀插入灰桶内侧（靠近操作者的一边）→转腕将砖刀口边接触灰桶内壁→顺着内壁将砖刀刮起取出所需砂浆（一刀灰的量要满足一皮砖的量），如图4-4所示。

砖刀插入灰桶　　　　　转腕　　　　　　砖刀刮起灰浆

图4-4 取灰

4. 铺灰

（1）灰条规格。长度：约比一块砖稍长1～2cm。

宽度：8～9cm。

厚度：约15～20mm。

位置：灰口要缩进外墙2cm。

（2）铺灰动作。

1）砌条砖时的铺灰手法，如图4-5所示。

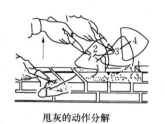  

甩灰的动作分解　　　　　　扣灰的动作分解　　　　　　泼灰的动作分解

图4-5　砌条砖时的铺灰手法

a.甩灰（适宜砌筑离身低而远部位的墙体）：铲取砂浆呈均匀条状（长160mm、宽40mm、厚3mm）并提升到砌筑位置→铲面转动90°（手心向上）→用手腕向上扭动并配合手臂的上挑力顺砖面中心将灰甩出→砂浆呈条状均匀落下（长260mm、宽80mm、厚20mm）。

b.扣灰（适宜砌筑近身高部位的墙体）：铲取砂浆呈均匀条状并提升到砌筑位置→铲面转动90°（手心向下）→利用手臂前推力顺砖面中心将灰扣出→砂浆呈条状均匀落下。

c.泼灰（适宜砌筑近身及身后部位的墙体）：铲取砂浆呈扁平状并提升到砌筑位置→铲面转成斜状（手柄在前）→利用手腕转动成半泼半甩，平行向前推进泼出砂浆→砂浆落下呈扁平状（长260mm、宽90mm、厚15mm）。

d.溜灰（适宜砌角砖）：铲取砂浆呈扁平状并提升到砌筑位置→铲尖紧贴砖面，铲柄略抬高→向身后抽铲落灰→砂浆呈扁平状并与墙边平齐。

2）砌丁砖时的铺灰手法，如图4-6所示。

砌里丁砖的溜法　　　　　　　　砌里丁砖的扣法

图4-6　砌丁砖时的铺灰手法

a.甩灰（正手甩灰适宜砌筑离身体低而远的部位的墙体，反手甩灰适宜砌筑近身高部位的墙体）：铲取砂浆呈扁平状并提升到砌筑位置→铲面成斜状（正手朝手心方向，反手朝手背方向）→利用手臂的推力（正手为左推力，反手为右推力）将灰甩出→砂浆呈扁平状（长220mm、宽90mm、厚20mm）。

b. 扣灰（适宜砌37墙里丁砖）：铲取砂浆（前部较薄）并提升到砌筑位置→铲面成斜状（朝丁砖长方向）→利用手臂推力将灰甩出→扣在砖面上的灰条外部略厚（长20mm、宽90mm）。

c. 溜灰（适宜砌37墙里丁砖）：铲取砂浆（前部略厚）并提升到砌筑位置→将手臂伸过准线使大铲边与墙边齐平→抽铲落灰→砂浆成扁平状（长220mm、宽90mm、厚15mm）。

d. 泼灰（正泼灰适宜砌近身处的37墙外丁砖，平拉反泼适宜砌离身较远处的37墙外丁砖）：铲取砂浆呈扁平状并提升到砌筑位置→铲面成斜状（正泼为掌心朝左，平拉反泼为掌心朝右）→利用腕力（正泼为平行向左推进，反泼为平拉反泼）泼出砂浆→砂浆呈扁平状（长220mm、宽90mm、厚15mm）。

（3）一带二铺灰手法铲取砂浆呈扁平状并提升到砌筑位置→铲面转成90°（手心向下）→将砖顶头伸入落灰处，接打碰头灰→用铲摊平砂浆（长220mm、宽90mm、厚15mm）。

5. 摆砖（揉挤）

灰铺好后，左手拿砖离已砌好的砖约3～4cm处，砖微斜稍碰灰面，然后向前平挤，把灰浆挤起作为竖缝处的砂浆，然后把砖揉一揉，顺手用砖刀把挤出墙面的灰刮起来，甩到竖缝里，揉砖时，眼要上看线、下看墙面。要求揉砖时要上平线、下跟棱、浆薄轻揉、浆厚重揉，达到横平竖直、错缝搭接、灰浆饱满、厚度均匀，如图4-7所示。

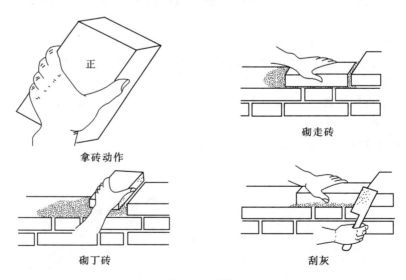

拿砖动作　　　　　　　　砌走砖

砌丁砖　　　　　　　　刮灰

图4-7　摆砖

6. 砍砖

砍砖时应一手持砖使条面向上，用手掌托住，在相应长度位置用砖刀轻轻划一下，然后用力砍一两刀即可完成，如图4-8所示。

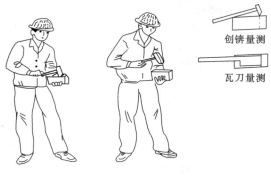

创锛量测

瓦刀量测

图 4-8　砍砖

（1）七分头的砍凿方法。

1）选砖。准备砍凿的砖要求外观平整、无缺棱、掉角、裂缝，也不能用烧过火的砖和欠火砖。符合这些条件后，应一手持砖，一手用瓦刀或创锛轻轻敲击砖的大面，如果声音清脆即为好砖，砍凿效果好。如果发出"壳壳壳"的声音，则表明内在质地不均，不可砍凿。

2）标定砍凿位置。当使用瓦刀砍凿时，一手持砖使条面向上，以瓦刀所刻标记处伸量一下砖块，在相应位置用瓦刀轻轻划一下，然后用力砍一两刀即可完成。当使用创锛时，一手持砖使条面向上，以创锛手柄所刻标记对准砖的条面，轻轻晃动刃口，就在砖的条面上画出了印子，然后举起创锛砍凿划痕处，一般 1～2 下就可砍下两分头。以上两个动作在实际操作中是紧紧相连的，仅需 2～3s 的时间。

（2）二寸条的砍凿方法。二寸条俗称半半砖（约 57mm×240mm），是比较难以砍凿的。目前电动工具比较多，可以利用电动工具来切割，也可利用手工方法砍凿。

1）瓦刀创锌法。砍凿时同样要通过选砖和砍凿两个步骤。选砖的方法和步骤与挑选七分头砖一样，但是二分条更难砍凿，所以对所选的砖要求更高。选好砖以后，利用另一块砖作为尺模，在要砍凿的砖的两个大面都划好刻痕（印子），再用瓦刀和创锛在砖的两个条面上各砍一下，然后用瓦刀的刃口尖端或创锛的刀口轻轻叩打砖的两个大面，并逐步增加叩打的力量，最后在砖的两个条面用力砍凿一下，二寸条即可砍成。

2）手锤钢凿法。利用手锤和钢凿配合，能减少砖的破碎损耗，也是砍凿耐火砖的常用方法。初级砌筑工可能对瓦刀、创锛的使用方法还缺乏一定的经验和技能，可以利用手锤和钢凿的配合来加工二寸条。另外，当二寸条的使用量较多时，为了避免材料的不必要损耗，也可指定专人利用手锤和钢凿集中加工。集中砍凿时最好在地面垫好麻袋或草袋等，使砍凿力量能够均匀分布，然后将砖面大块朝上，平放于麻袋上，操作者用脚尖踩砖的条面，左手持凿，右手持锤，轻轻砍凿。一般先用尖头钢凿顺砖的条面→大面→另一条面→另一大面轻轻密排打凿一遍，然后以扁钢凿顺已砍凿的印子打凿即能凿开。

7. 砌砖的方法

（1）瓦刀披灰的基本功。瓦刀披灰法又叫满刀灰法或带刀灰法，是一种常见的砌筑方法，特别是在砌空斗墙时都采用此种方法。由于我国古典建筑多数采用空斗墙作填充墙，所以瓦刀披灰法有悠久的历史。用瓦刀披灰法砌筑时，左手持砖右手拿瓦刀，先用瓦刀在灰斗中刮上砂浆，然后用瓦刀把砂浆正手披在砖的一侧，再反手将砂浆抹满砖的大面，并在另一侧披上砂浆。砂浆要刮布均匀，中间不要留空隙，丁头缝也要满披砂浆，然后把满披砂浆的砖块轻轻按在墙上，直到与准线相平齐为止。每皮砖砌好后，用瓦刀将挤出墙面的砂浆刮起并甩入竖向灰缝内。

瓦刀披灰法砌筑时，因其砂浆刮得均匀，灰缝饱满，所以砌筑的砂浆饱满度较好。但是每一块砖要经过 6 个刮灰动作，工效太低。这种方法适用于砌空斗墙、1/4 砖墙、拱碹、窗台、花墙、炉灶等。由于这种方法有利于砌筑工的手法锻炼，历来被列为砌筑工入门的基本训练之一。

瓦刀披灰法适合于稠度大、黏性好的砂浆，有些地区也使用黏土砂浆和白灰砂浆。瓦刀批灰法应使用灰斗存灰，取灰时，右手提握瓦刀把，将瓦刀头伸入灰斗内，顺着灰斗靠近身边的一侧轻轻刮取，砂浆即粘在瓦刀头上，所以又叫带刀灰。这样不仅可以使砂浆粘满瓦刀，而且取出的灰光滑圆润，利于披刀瓦刀刮灰法的刮刀动作。

操作步骤：右手拿砖刀取灰→左手取砖→砖刀挂灰→摆砖揉压，如图 4-9 所示。

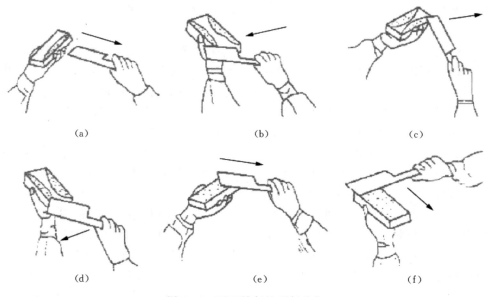

图 4-9　瓦刀披灰的刮灰动作

图上的 6 个动作仅仅刮了一个砖的大面，如果是黏土砂浆和白灰砂浆，这个面上会形成一个四面高中间低的形状，俗称"蟹壳灰"。

大面上灰浆打好以后，还要根据是丁砖还是顺砖，打上条面或丁面的竖向灰。砖砌到墙上以后，刮取挤出的灰浆再甩入竖缝内。条面或丁面的打灰方式可参照大面的办法进行，只要大面的灰能打好，条面和丁面也没问题。

（2）"三一"砌砖法。"三一"砌砖法指一铲灰、一块砖、一揉挤的砌砖方法。

1）操作步骤：铲灰取砖→大铲铺灰→摆砖揉挤。

2）砌砖动作。铲灰→取砖→转身→铺灰→摆砖揉挤→将余灰甩入竖缝，如图 4-10 所示。

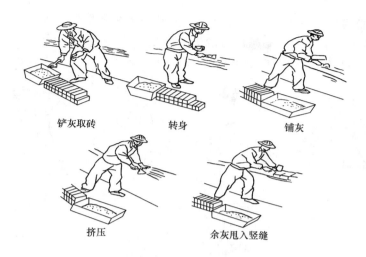

铲灰取砖　　　　　转身　　　　　铺灰

挤压　　　　　余灰甩入竖缝

图 4 - 10　"三一"砌砖法

3）砌筑布料。灰斗和砖的排放如图 4 - 11 所示。

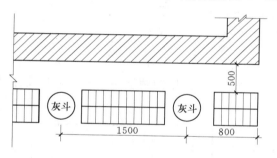

图 4 - 11　灰斗和砖的排放（单位：mm）

4）特点。砂浆饱满、黏结好，能保证砌筑质量，但劳动强度大，砌筑效率低。

5）适用范围及要求。适用于砌筑各种实心砖墙，要求所用砂浆稠度 7～9cm 为宜。

（3）铺浆砌砖法。铺浆砌砖法指在墙上铺一定长度（不大于 500mm）砂浆后再进行摆砖的砌砖方法。

1）操作步骤。大铲铺灰→取砖→摆砖揉挤。

2）砌砖动作。铲灰（或倒灰）→铺灰→取砖→摆砖揉挤→刮余灰并甩入竖缝内。

3）特点。砂浆饱满，砌筑效率高，但砂浆易失水，黏结力差，砌筑质量有所降低。

4）适用范围及要求。适用于砌筑各种混水实心砖墙，要求所用砂浆稠度大，黏性好。

（4）"二三八一"砌砖法。"二三八一"砌砖法指把砌筑工砌砖的动作过程归纳为 2 种步法、3 种弯腰姿势、8 种铺灰手法和 1 种挤浆动作的砌砖操作方法。

1）操作步骤。铲灰取砖→大铲铺灰→摆砖揉挤。

2）砌砖动作。铲灰和拿砖→转身铺灰→挤浆和接刮余灰→甩出余灰。

3）2 种步法（丁字步和并列步）。①操作者背向砌筑前进方向退步砌筑。开始砌筑时，斜站成步距约 0.8m 的丁字步；②左脚在前（离大角约 1m），右脚在后（靠近灰斗），右手自然下垂可方便取灰，左脚稍转动可方便取砖；③砌完 1m 长墙体后，左脚后撤半步，右脚稍移动成并列步，面对墙身再砌 0.5m 长墙体，在并列步时，两脚稍转动可完成取灰和取砖动作；④砌完 1.5m 长墙体后，左脚后撤半步，右脚后撤一步，站成丁字步，再继续重复前面的动作。

4）三种弯腰姿势。①侧身弯腰用于丁字步姿势铲灰和取砖，如图 4-12（a）所示；②丁字步正弯腰用于丁字步姿势砌离身较远的矮墙，如图 4-12（b）所示；③并列步正弯腰用于并列步姿势砌近身墙体，如图 4-12（c）所示。

（a）　　　　　　　　　　　　（b）

（c）

图 4-12　三种弯腰姿势

（a）侧身弯腰；（b）丁字步正弯腰；（c）并列步正弯腰

8. 砖的组砌实训

（1）砖的组砌形式。第一线为丁砖（13 块丁砖），顺砖层的两端用七分砖，从而保证错缝搭接要求，如图 4-13 所示。

（2）操作步骤。摆砖撂底→盘角→垂直度检查→挂准线→砌中间墙身。

（3）砌筑量。

男生：墙长 $L = 13 \times (115 + 10) - 10 \approx 1610$mm　高：1.20m

女生：墙长 $L = 1.61$m　高：1.00m

（4）实训指导教师示范。实训指导教师进行一砖墙砌筑示范：摆砖撂底→砌第一线砖→盘砌三线角砖→用线锤吊挂角的垂直度→挂准线砌第二线砖→盘砌第四、五线角砖→用托线板靠角的垂直度→挂准线砌第三、四线砖。

（5）学生进行操作。学生进行操作练习，实训指导教师进行巡视指导。

单数层

双数层

图 4-13　砖的组砌形式

学习项目 5　安全知识及文明施工

　　早在 1985 年初，国务院就提出了"安全第一，预防为主"的安全生产方针，这也是劳动保护工作的指导方针，它要求在生产建设中把安全与生产看作一个整体，树立"生产必须安全，安全促进生产"的辩证统一思想，切实保护劳动者的安全与健康。在我们的实训操作中，也特别要注意操作安全，要遵守以下的安全操作知识：

　　（1）严禁在实训场打、闹、玩、高声喧哗。

　　（2）语言要文明，以免同学间由于语言上发生冲突而发生矛盾。

　　（3）爱护工具及周围的财产，不得用砖刀去乱砍砖及建筑物、构筑物及花草树木等。

　　（4）取砖时应从砖堆的最上面一层拿，不要在中间层去抽取，否则，在抽取时，砖堆容易倒下伤人。

　　（5）在砍砖的时候，不要对准有人的方向砍，否则，被砍下的碎砖屑容易飞溅伤人。

　　（6）砍砖时拿砖的姿势要正确，应用手掌托住砖的条面，砍砖时要集中注意力，否则容易砍到手。

　　（7）摆砖时应用揉挤的动作，尽量少用砖刀去敲砖，若用砖刀敲砖时，也要集中注意力，否则也很容易敲到手。

　　（8）在拆砖后码放砖堆时，所码放的砖要挤紧，要整齐，否则砖堆容易倾倒，那是极不安全的。

　　（9）在推小斗车时，应注意前面道路是否有阻碍（人或物），载重不要过多，速度不要太快，在推空车时，人不要爬进小车让别人推。

　　（10）在清理场地时，在丢碎砖块时要注意周围的人和物，不要伤到人和物。在碎砖块上倒车时也同样要注意这一点。

　　（11）不得穿皮鞋或光脚进入实训场，应穿胶鞋或运动鞋进入实训场。

　　（12）在操作中不得取下安全帽，也不能用砖刀在自己或他人的安全帽上敲，以免损坏安全帽或伤到对方。

　　（13）不能把安全帽取下来坐或故意与别人的安全帽进行撞击或用安全帽撞击别的物体。

学习项目6 砌 筑 实 训

项目概述

　　本课程的主要任务是面向工业与民用建筑专业、建筑施工专业学生，普及建筑工程砌筑知识及动手操作技能，学习感受并传播和弘扬建筑工程文化，激发学生的专业兴趣，提高学生对建筑的理解和鉴赏，了解行业概况，学习建筑职工职业道德，促进职业意识形成，为学生日后择业提供可以借鉴和参照的新思想和新观念。本课程通过任务驱动项目教学，使学生了解砌筑工相关安全知识和职业道德，认识砌筑工基本知识（建筑识图、建筑构造、砌体结构与力学、常用砌筑工具和设备），掌握砖墙砌筑、砖基础砌筑、砌块墙砌筑、砌筑工程的季节施工等的原理和方法；达到初级工的要求；培养学生学习该专业的兴趣。

实训目标

　　（1）熟悉建筑物基本性能，能识别建筑相关施工图等图样内容。

　　（2）熟悉砌筑材料及常用机具的使用方法。

　　（3）熟悉材料知识，了解砌体结构抗震知识、建筑力学知识、砖石结构知识和砌筑工种的季节施工知识等。

　　（4）掌握有关砌体工程施工质量验收规范和质量评定标准的内容以及常用的检测方法。

　　（5）掌握砌筑工种的有关安全技术操作要求等，以实现"质量第一、安全第一"的要求。

　　（6）培养良好的人际交往、团队合作能力和服务意识。

　　（7）具有严谨的职业道德和科学态度。

实训重点

　　（1）砌体材料的性能、砌筑砂浆的制作。

　　（2）墙体的组砌形式与方法。

　　（3）砖墙构造组砌，如砖基础、墙的留槎与接槎、墙体留洞等。

教学建议

　　建筑砌筑工课程的教学内容按项目制定。教师在实施项目教学时，按照建筑砌筑行业规范、标准要求，采用工作岗位中的环境、内容、时间保持一致的教学手段，应该帮助学生具备完成项目内容的基本条件，然后通过项目教学法的几个基本阶段实施教学。教师要善于引导学生从工作中发现问题，有针对性地展开讨论，提高解决问题的能力。项目的活动在形式上因根据目标、内容、资源的不同可采取各种各样的教学模式，给学生创设多种动手实践的机会。一个项目可以是一节课，也可以是几节课；可以在课堂上完成，也可能需要课外活动的配合。

学习单元6.1 实训条件及注意事项

6.1.1 实训场地

学校实训工场砌筑工职业实训工场平面图如图6-1所示。建议每三位同学为一组开展实训操作。

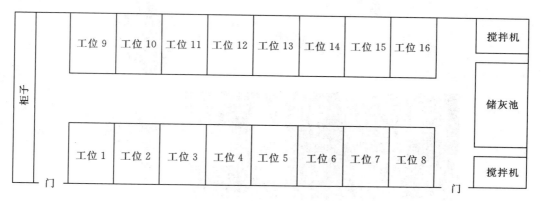

图6-1 砌筑实训工场平面图

图6-2 砌筑工实训工位照片

6.1.2 实训对象及背景工程

砌筑工实训工位照片如图6-2所示。

6.1.3 实训工场设备及工具

砌筑工职业实训工场需准备的常用机具及工具有大铲、刨锛、瓦刀、扇子、托线板、线坠、小白线、卷尺、铁水平尺、皮数杆、小水桶、灰槽、砖夹子、扫帚等。如图6-3所示。

6.1.4 实训材料准备

砌筑工职业实训每一小组（每一实训工位）需用材料如表6-1所列。

表6-1   砌筑工职业实训材料

材料名称	规　　格	数量	备　注
标准砖	240mm×115mm×53mm	450块	
中粗砂	>0.35mm	200kg	含泥量<3%
石灰膏	陈伏7d以上	75kg	
黏土	无杂质	75kg	代替水泥

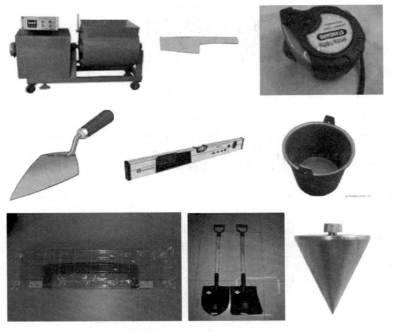

图 6-3　砌筑工实训部分主要工具

6.1.5　实训分组及时间安排注意事项

实训项目时间编排→实训项目书、考核标准、内容→实训前教育、动员、分组→现场设备、工具、材料检查→人员着工作服、安全帽等进入实训场→项目工艺操作→现场清扫、整理、整顿→实训总结、反省，写实训报告→考核、考证、竞赛→成绩汇总→消耗材料汇总。

（1）班级分组，每组 4 人。

（2）学生进入实训工场，先在实训工场整理队伍，按小组站好，小组长领安全帽、手套，并发放给各位同学。

（3）同学们戴好安全帽听实训指导教师讲解砌筑实训过程安排和安全注意事项。

（4）各小组同学进行砌筑材料量的计算的，并将材料堆放到相应工位。

（5）每小组各派一位同学参与砌筑砂浆的拌制。黏土：石灰：砂＝1：1：2.5，加水适量。

（6）小组将分到的操作单元格清扫、整理。

（7）先由实训指导教师进行砌筑操作示范，再由同学们进行操作。

（8）每半天为一个实训分项，半天结束，由实训指导教师和同学们进行成果评定，得出一个评定分值。

（9）全部实训分项操作结束，实训指导老师进行点评、成绩评定。

（10）同学们将砌筑项目全部拆除，砖、砂浆、砂归类堆放，砖表面清理干净。废料清理、操作现场清扫干净。

6.1.6 工具和材料使用注意事项

（1）施工中应加强材料的管理，工具、机械的保养和维修。

（2）砂子、砖等原材料质量要求要符合规范规定。

（3）建筑材料的使用、运输、储存在施工过程中必须采取有效措施，防止损坏、变质和污染环境。

（4）常用工具操作结束应清洗收好。

6.1.7 施工操作一般注意事项

（1）施工时应注意对定位标高的标准杆、尺、线的保护，不得触动、移位。

（2）基层应按要求处理干净。

（3）砂浆配合比应采用重量比，计量精度水泥为±2％，砂、灰膏控制在±5％以内。宜用机械搅拌，搅拌时间不少于1.5min。

（4）排砖摞底一般根据弹好的位置线，认真核对洞间墙、垛尺寸，使其长度符合排砖模数。

（5）砖墙砌筑应横平竖直、砂浆饱满、上下错缝、内外搭砌、接槎牢固。

（6）水平灰缝不饱满易使砖块折断，所以实心砖砌体水平灰缝的砂浆饱满度不得低于80％。

（7）灰缝厚度控制在8～12mm。

（8）应连续进行施工，尽快完成。

6.1.8 学生操作纪律和安全注意事项

（1）实训过程中，必须在了解操作程序和注意事项后才能操作。

（2）在操作之前必须检查操作环境是否符合安全要求，机具是否完好牢固，安全设施和防护用品是否齐全。

（3）在操作过程中，应戴手套、安全帽、身着工作服进行工作。

（4）砍砖时应面向内打，注意碎砖跳出伤人。

（5）不准站在墙顶上画线、刮缝和清扫墙面或检查大角垂直等工作。实训现场严禁大声喧哗，不可随意走动。

（6）一个项目结束，经评定合格，方可进行下一个项目。

（7）全部项目操作结束，经综合评定打分，方可拆除，并将现场清理干净。

学习单元6.2 知 识 准 备

6.2.1 常用砌筑材料

1. 普通烧结砖

（1）材料：砖墙砌体砌筑一般采用普通黏土砖。

（2）外形：长方体（240×115×53），长度：240mm，宽度：115mm，厚度：53mm。

（3）强度：MU10、MU15、MU20、MU25、MU30 共 5 级，单位：MPa（N/

mm^2）。

（4）等级：优等品、一等品、合格品（根据外观、尺寸、强度、耐久性等分）。

（5）用途：清水墙外面不用装饰，要求砖边角整齐色泽均匀，用优等品砖。混水墙外面抹灰，用一等品、合格品砖。

（6）检查：品种、强度、外观、几何尺寸，出厂合格证书检查和性能检测报告，进场后应进行复验。

（7）施工：使用前 1～2d 浇水润湿，以浸水深度 10～15mm 为宜。

2. 砌块

（1）原料。以混凝土或工业废料作原料制成实心或空心的块材。

（2）特点。自重轻，施工速度快、效率高、方法简单。

（3）分类。

1）按形状分：实心、空心砌块。

2）按制作原料分：粉煤灰、加气混凝土、混凝土、硅酸盐等数种。

3）按规格分：小型（高 115～380mm）、中型（高 380～980mm）、大型（高＞980mm）。

（4）要求。长度应满足建筑模数的要求，力求型号少，厚度及空心率应根据结构的承载力、稳定性、构造与热工要求决定。

3. 砌筑砂浆

（1）组成。由胶结材料（石灰、水泥等）、细骨料（砂）及水组成的混合物。

（2）分类。

1）石灰砂浆：石灰＋砂＋水，用于砌筑干燥环境中以及强度要求不高的砌体。

2）水泥（＜32.5，＞200kg/m³）砂浆：水泥＋砂＋水，用于潮湿环境和强度要求较高的砌体。

3）混合砂浆（＜42.5，300～350kg/m³）：水泥＋石灰＋砂＋水，用于地面以上强度要求较高的砌体。

4）其他砂浆：如防水砂浆、嵌缝砂浆等。

（3）要求。

1）使用时砂浆必须满足设计要求的种类和强度等级，同时还须满足流动性和保水性的要求。

2）水泥进场使用前，应分批对其强度、安定性进行复验。

3）砌筑砂浆用砂宜用中砂，含泥量应满足下列要求：①对水泥砂浆和强度等级不小于 M5 的水泥混合砂浆，不应超过 5%；②对强度等级小于 M5 的水泥混合砂浆，不应超过 10%。

4）配制水泥石灰砂浆时，不得采用脱水硬化（已经炭化、硬化、无粘聚性）的石灰膏。

5）拌制砂浆用水，水质应符合国家现行标准规定。

6）砌筑砂浆应通过试配确定配合比。

7）砌筑砂浆应采用机械搅拌，自投料完算起，搅拌时间应符合下列规定：①水泥砂浆和水泥混合砂浆不得少于 2min；②水泥粉煤灰砂浆和掺用外加剂的砂浆不得少于 3min；③掺用有机塑化剂的砂浆，应为 3～5min。

8）砂浆应随拌随用，水泥砂浆和水泥混合砂浆应分别在 3h 和 4h 内使用完毕；当施工期间最高气温超过 30℃时，应分别在拌成后 2h 和 3h 内使用完毕。

6.2.2 砖砌体的组砌形式

1. 组砖要求

（1）上下错缝，内外搭接，以保证砌体的整体性（砌体最薄弱的部位是灰缝处）。

（2）有规律，少砍砖，以提高砌筑效率，节约材料。

2. 组砖厚度

砖墙厚度有半砖墙（120mm）、一砖墙（240mm）、一砖半墙（370mm）、两砖墙（490mm）等。

3. 组砌形式

砖墙组砌形式有一顺一丁、三顺一丁、梅花丁、全丁式等（分丁、分顺、分皮）。

（1）一顺一丁。一皮顺砖与一皮顶砖相互交替砌筑而成，上下皮间的竖缝相互错开 1/4 砖长。多用于一砖厚墙的砌筑。

（2）三顺一丁。由三皮顺砖与一皮顶砖相互交替叠砌而成。上下皮顺砖搭接为 1/2 砖长，宜用于一砖半以上的墙体砌筑。

（3）梅花丁。每皮中丁砌与顺砌相隔，上皮丁砖中坐于下皮顺砖，上下皮相互错开 1/4 砖长。用于砌筑清水墙或当砖规格不一致时。

（4）全丁式。全部用丁砖砌筑，两皮间竖缝相互错开为 1/4 砖长。多用于圆形建筑物，如水塔、烟囱、水池、圆仓等。

6.2.3 砖砌体的施工工艺流程

（1）抄平放线。砌筑前，底层用水泥砂浆找平，再以龙门板定出墙身轴线、边线。

（2）摆砖。在放线的基面上按选取定的组砌方式用砖试摆。

（3）立皮数杆。在皮数杆上划有每皮砖和砖缝厚度，以及门窗洞口、过梁、梁底、预埋件等标高位置。

（4）盘角、挂线。"三皮一吊（垂直度）、五皮一靠（平整度）"，单面、双面挂线。

1）根据皮数杆先在墙角砌 4～5 皮砖，称为盘角。

2）根据皮数杆和已砌的墙角挂准线，作为砌筑中间墙体的依据，每砌一皮或两皮，准线向上移动一次，以保证墙面平整。

（5）砌筑。铺灰挤砌法和"三一砌砖法"。

1）铺灰挤砌法：先铺灰浆，再用砖持平，后向灰缝挤浆。铺浆长度≤750mm，温度 $T>30℃$ 时，铺浆长度≤500mm（快、质量差）。

2）"三一砌砖法"：即"一铲灰、一块砖、一挤揉"，宜砌筑实心墙（慢、质量优）。

（6）勾缝。保护墙面并增加墙面美观，有平缝、斜缝、凹缝等（原浆、加浆勾缝）。

（7）清理落地灰。

学习单元 6.3 任务一：墙体组砌形式

教师教学指导页参见表 6-2。

表 6-2   教师教学指导参考 1

学习任务	墙体组砌形式	
实训组织	建议 3～4 人一组	
目标描述	1. 学生能了解正确使用砌筑材料及常用工具。有能力合理使用有关技术手册和操作规定	
	2. 学生通过一顺一丁、三顺一丁、空斗、梅花丁墙砌筑实训，掌握砌筑的施工工艺流程和常用的砖砌体组砌方法。学会保证砌体平整度、垂直度的砌筑方法与技巧	
	3. 学生能按照质量检验标准及检验方法进行自检和互检，能了解砌体的质量通病并能分析其原因，并能提出一定的防治措施	
	4. 通过教育使学生能够了解安全操作的重要性，加强自我保护的意识，提高学生的动手能力，形成良好的职业素质	

	内　容	教　学　建　议
技术准备	1. 砌筑工具准备	现场熟悉
	2. 砌筑材料准备	在教师指导下查阅相关手册完成
	3. 砌筑工艺流程及组砌方法	教师演示指导学习
	4. 检验工具	现场熟悉
技能操作及检验	1. 放线、摆砖摆底	教师讲解、示范操作要领，并指导由学生操作练习。工序完成后组织学生进行自检、互检测、评议出现的质量问题，最后给出实训成绩
	2. 立皮数杆、盘角挂线	
	3. 砌筑墙身	
	4. 对照相关规范进行质量检测	
相关知识及规定	1. 组砌方法	教师指导学生查阅施工技术、砌筑工艺等相关资料
	2. 砌体的组砌原则	
	3. 常用的砌筑材料要求	
	4. 质量验收标准及检验方法	

教　学　重　点	教　学　难　点
1. 组砌流程	1. 墙体平整度控制
2. 组砌方法	2. 灰缝厚度的控制
3. 安全操作及规范要求	3. 垂直度的控制

6.3.1　实训项目一：一顺一丁墙体砌筑

项目名称：一顺一丁墙体砌筑。

项目要求：

（1）尺寸要求。长度 1365mm，宽度 845mm，高度 945mm（合 15 皮砖）。

L 形混水墙底下两层均为"三七"墙，以上均为"二四"墙，分别如图 6-4 和图

6-5 所示，一顺一丁砌法一般采用外七分头调整砖缝，要求七分头跟顺砖走。

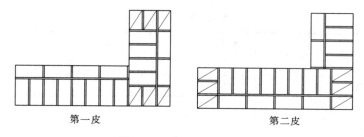

第一皮　　　　　　　　　　　　第二皮
图 6-4　"三七"墙砌法

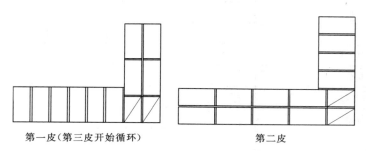

第一皮(第三皮开始循环)　　　　　　　第二皮
图 6-5　"二四"墙砌法

（2）小组合作要求。一人拌水泥；一人搬砖、砍七分砖；一人摆砖、计算砖的数量（若是 4 人一组，则另一人按教师要求加入上述任一种分工）。

（3）质量要求。

1）砖砌体组砌方法应正确，上、下错缝，内外搭砌。

2）砖砌体的灰缝应横平竖直、厚薄均匀。灰缝厚度宜为 10mm，但不应小于 8mm，也不应大于 12mm。

（4）砌筑要求见表 6-3。

表 6-3　　　　　　　　　　　砌　筑　要　求　1

材料要求	砖一般可提前 1~2d 浇水。 砂子一定要过筛
工具要求	托线板、线垂、塞尺
安全要求	进入施工现场，必须戴安全帽。 砍砖时应面向内打，防止碎砖跳出伤人；正在砌砖的墙顶上不准行走。 不准站在墙顶上画线、刮缝、清扫墙面及检查大角垂直。 严禁投掷物体，防止物体坠落伤人。 施工操作时要思想集中，不准嬉笑打闹。 严禁站在墙上工作或行走。工作完毕应将墙上和脚手架上多余的材料、工具清理干净
清洁整理要求	工作完毕应将墙上和脚手架上多余的材料、工具清理干净。 工作完毕将砖、砂等材料堆放到原地并整理。 工作完毕将工具妥善放置

学生工作页参见表 6-4

表 6-4　　　　　　　　　　学 生 工 作 页 1

姓名：	班级：		指导教师：			总成绩：
相关知识			评分权重 15%		成绩：	
1. 普通烧结砖的规格是多少？						
2. 砌筑砂浆的技术要求有哪些？						
3. 什么叫十字缝？						
4. 什么叫骑马缝？						
5. 砌筑的工艺流程是什么？						
实践知识			评分权重 15%		成绩：	
1. 记录砌筑用工具名称						
2. 上下皮灰缝错开距离						
3. 项目一的操作步骤						
4. 皮数杆的一般规格						
5. 挂线的步骤						
操作心得						

考核验收				评分权重 60%		成绩
项目	要求及允许偏差	检验方法	验收记录	配分		得分
工作态度	遵守纪律、态度端正	观察、检查		10		
水平灰缝砂浆饱满度	≥80%	百格网		10		
垂直度（每层）	≤5mm	线锤、托线板检查		10		
组砌方法	上下错缝，内外搭砌 上下二皮砖搭接长度 小于 25mm 的为通缝	观察、尺量		15		
水平灰缝厚度	8～12mm	量 10 皮砖砌体 高度折算		15		
表面平整度	清水：5mm 混水：8mm	用 2m 靠尺和 楔形塞尺检查		10		
水平灰缝平直度	10mm	拉线和尺栓检查		10		
安全	不出安全事故	巡查		10		
整洁	工具完好、 作业面的清理	观察、检查		10		
质量检验记录及原因分析			评分权重 10%		成绩	
质量检验记录		质量问题分析		防治措施建议		

6.3.2　实训项目二：三顺一丁墙体砌筑

项目名称：三顺一丁墙体砌筑

项目要求：

（1）尺寸要求：长度 1365mm，宽度 845mm，高度 945mm（合 15 皮砖）。

L 形混水墙底下两层均为"三七"墙，以上均为"二四"墙，分别如图 6-6 和图 6-7 所示。三顺一丁砌法一般以内七分头调整错缝和搭接。

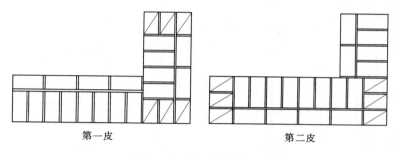

图 6-6　"三七"墙砌法

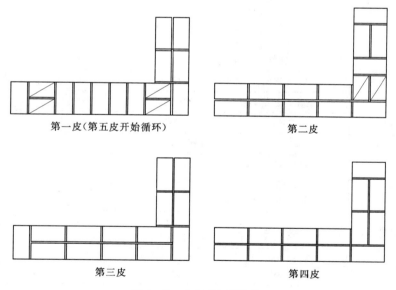

图 6-7　"二四"墙砌法

（2）小组合作要求。一人拌水泥；一人搬砖、砍七分砖；一人摆砖、计算砖的数量（若是 4 人一组，则另一人按教师要求加入上述任一种分工）。

（3）质量要求。

1）砖砌体组砌方法应正确，上、下错缝，内外搭砌。

2）砖砌体的灰缝应横平竖直、厚薄均匀。砖墙的水平灰缝厚度和竖缝宽度宜为 10mm，但不应小于 8mm，也不应大于 12mm。

（4）砌筑要求参见表 6-3。

学生工作页见表 6-5

表 6-5 　　　　　　　　　　学 生 工 作 页 2

姓名：	班级：	指导教师：	总成绩：

相关知识		评分权重 15％	成绩：
1. 什么是三顺一丁？			
2. 三七墙的构造尺寸是多少？			
3. 三顺一丁的缺点是什么？			
4. 砂浆拌好后应在几小时内用完？			
5. 砂浆的饱满度是多少？			

实践知识		评分权重 15％	成绩：
1. 记录检验工具名称			
2. 三顺一丁几皮开始循环？			
3. 砖墙 L 形转角处应砌什么砖？			
4. 单砖铺灰时应顺着砖的什么方向？			
5. 黏土砖使用前含水率一般控制在多少？			

操作心得

考核验收			评分权重 60％	成绩	
项目	要求及允许偏差	检验方法	验收记录	配分	得分
工作态度	遵守纪律、态度端正	观察、检查		10	
水平灰缝砂浆饱满度	≥80％	百格网		10	
垂直度（每层）	≤5mm	线锤、托线板检查		10	
组砌方法	上下错缝，内外搭砌 上下二皮砖搭接长度 小于 25mm 的为通缝	观察、尺量		15	
水平灰缝厚度	8～12mm	量 10 皮砖砌体 高度折算		15	
表面平整度	清水：5mm 混水：8mm	用 2m 靠尺和 楔形塞尺检查		10	
水平灰缝平直度	10mm	拉线和尺栓检查		10	
安全	不出安全事故	巡查		10	
整洁	工具完好、 作业面的清理	观察、检查		10	

质量检验记录及原因分析		评分权重 10％	成绩
质量检验记录	质量问题分析	防治措施建议	

6.3.3 实训项目三：梅花丁墙体砌筑

项目名称：梅花丁墙体砌筑

项目要求：

（1）尺寸要求：长度1365mm，宽度845mm，高度945mm（合15皮砖）。

要求采用梅花丁砌法，如图6-8所示。

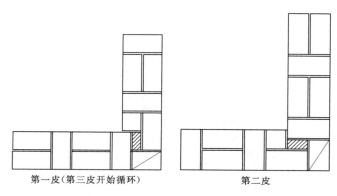

第一皮（第三皮开始循环）　　　　　　　第二皮

图6-8　梅花丁砌法

（2）小组合作要求。一人拌水泥；一人搬砖、砍七分砖和半砖；一人摆砖、计算砖的数量（若是4人一组，则另一人按教师要求加入上述任一种分工）。

（3）质量要求。

1）砖砌体组砌方法应正确，上、下错缝，内外搭砌。

2）砖砌体的灰缝应横平竖直、厚薄均匀。灰缝厚度宜为10mm，但不应小于8mm，也不应大于12mm。

3）上皮丁砖坐中于下皮顺砖，上下两皮砖的竖向灰缝错开1/4砖长。

（4）砌筑要求参见表6-3。

学生工作页参见表6-6

表6-6　　　　　　　　　　　学 生 工 作 页 3

姓名：	班级：	指导教师：		总成绩：
相关知识			评分权重15%	成绩：
1. 什么是梅花丁砌法？				
2. 如何检查平整度？				
3. 水平灰缝平直度如何检查？				
4. 砂浆不饱满的原因有哪些？				
实践知识			评分权重15%	成绩：
1. 梅花丁适用于什么墙？				
2. 脚手眼一般多少高度开始留设？				
3. 打砍加工的砖，按尺寸不同可分为哪几种				
操作心得				

考核验收			评分权重60%	成绩	
项目	要求及允许偏差	检验方法	验收记录	配分	得分
工作态度	遵守纪律、态度端正	观察、检查		10	
水平灰缝砂浆饱满度	≥80%	百格网		10	
垂直度（每层）	≤5mm	线锤、托线板检查		10	
组砌方法	上下错缝，内外搭砌 上下二皮砖搭接长度 小于25mm的为通缝	观察、尺量		15	
水平灰缝厚度	8～12mm	量10皮砖砌体 高度折算		15	
表面平整度	清水：5mm 混水：8mm	用2m靠尺和 楔形塞尺检查		10	
水平灰缝平直度	10mm	拉线和尺栓检查		10	
安全	不出安全事故	巡查		10	
整洁	工具完好、 作业面的清理	观察、检查		10	
质量检验记录及原因分析			评分权重10%	成绩	
质量检验记录		质量问题分析		防治措施建议	

6.3.4　实训项目四：空斗墙砌筑

项目名称：空斗墙的组砌

项目要求：

（1）读图分析图样信息，将图样中1/1轴与A轴的转角，在实训场地中砌成，要求砌成空斗墙，使用一眠三斗的砌筑形式，高度约1.7m，长度如图6-9所示。

（2）一眠三斗转角的砌法如图6-10所示。

（3）小组（3～4人一组）合作要求。拌制砂浆，砌筑，搬砖，摆砖，分工合作，岗位轮流替换。

（4）质量要求。

1）空斗墙的内外墙应同时砌筑，不宜留槎，附墙砖垛也必须与墙身同时砌筑，内外墙交接处和附墙砖垛应砌实心墙。

2）空斗墙砌筑时要做到横平竖直，砂浆饱满，要随砌随检查，发现歪斜和不平应及时纠正，决不允许墙体砌完后，再撬动或敲打墙体。

3）空斗墙的空斗内不填砂浆，墙面不应有竖向通缝。

4）空斗墙与实心墙的竖向连接处应相互搭砌，砂浆强度等级不低于M2.5，以加强结合部位的强度。

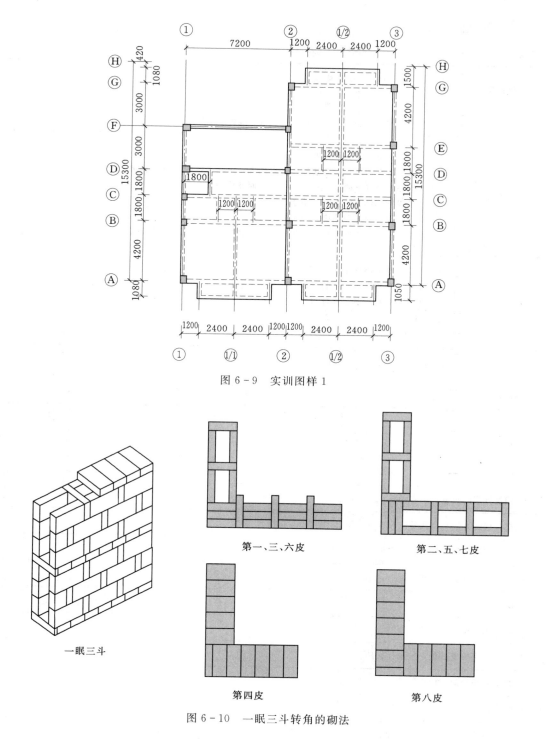

图 6-9 实训图样 1

第一、三、六皮

第二、五、七皮

一眠三斗

第四皮

第八皮

图 6-10 一眠三斗转角的砌法

5）空斗墙中预留的洞口和预埋件，应在砌筑时留出，不得砌完再砍凿，砌筑不宜留脚手架洞，应尽量采用双排脚手架。

（5）砌筑要求见表 6-7

表 6-7　　　　　　　　　　　　**砌 筑 要 求 2**

材料要求	砖一般可提前 1~2d 浇水。 砂子一定要过筛
工具要求	泥刀、泥桶、铁铲、皮数杆、托线板、线锤、塞尺
安全要求	进入施工现场，必须戴安全帽。 砍砖时应面向内打，防止碎砖跳出伤人；正在砌砖的墙顶上不准行走。 不准站在墙顶上画线、刮缝、清扫墙面及检查大角垂直。 严禁投掷物体，防止物体坠落伤人。 施工操作时要思想集中，不准嬉笑打闹。 严禁站在墙上工作或行走。工作完毕应将墙上和脚手架上多余的材料、工具清理干净
清洁整理要求	工作完毕应将墙上和脚手架上多余的材料、工具清理干净。 工作完毕将砖、砂等材料堆放到原地并整理。 工作完毕将工具妥善放置。 剩余砂浆及砖上刮下的砂浆统一铲至指定地点。 场地冲刷干净

学生工作页见表 6-8

表 6-8　　　　　　　　　　　　**学 生 工 作 页 4**

姓名：		班级：		指导教师：		总成绩：	
相关知识					评分权重 15%		成绩：
1. 什么是空斗砌法？							
2. 砌筑砂浆的技术要求有哪些？							
3. 空斗组砌方法有哪几种？							
4. 空斗墙的灰缝宽度一般为多少？							
5. 空斗墙留洞要求怎样？							
实践知识					评分权重 15%		成绩：
1. 记录砌筑用工具名称							
2. 空斗墙不够整砖处，加砌什么砖？							
3. 墙的转角处应如何砌？							
4. 室内地坪以上三皮应如何砌？							
5. 每一皮斗砖的砌法要求是什么？							
操作心得							

考核验收				评分权重60%	成绩
项目	要求及允许偏差	检验方法	验收记录	配分	得分
工作态度	遵守纪律、态度端正	观察、检查		10	
水平灰缝砂浆饱满度	≥80%	百格网		10	
垂直度（每层）	≤5mm	线锤、托线板检查		10	
组砌方法	上下错缝，内外搭砌 上下二皮砖搭接长度 小于25mm的为通缝	观察、尺量		15	
水平灰缝厚度	8～12mm	量10皮砖砌体 高度折算		15	
表面平整度	清水：5mm 混水：8mm	用2m靠尺和 楔形塞尺检查		10	
水平灰缝平直度	10mm	拉线和尺栓检查		10	
安全	不出安全事故	巡查		10	
整洁	工具完好、 作业面的清理	观察、检查		10	
质量检验记录及原因分析			评分权重10%	成绩	
质量检验记录		质量问题分析	防治措施建议		

学习单元6.4　任务二：组砌中的墙体构造留设

教师教学指导页参见表6-9。

表6-9　　　　　　　　　　教师教学指导参考2

学习任务	组砌中的墙体构造留设
实训组织	建议3～4人一组
目标描述	1. 学生能正确使用砌筑材料及常用工具。能正确查阅有关技术手册和操作规定，并能应用于实训项目
	2. 学生通过留槎、构造柱、留洞砌筑实训，熟悉普通砌体中的一般构造要求，这些构造留设的位置，学会构造留设质量检查的方法和步骤
	3. 学生能按照质量检验标准及检验方法进行自检和互检，能分析墙体留槎、留洞等构造质量问题，并能提出一定的防治措施和解决办法
	4. 通过教育使学生能够了解安全操作的重要性，加强自我保护的意识，提高学生的动手能力，形成良好的职业素质

内　　容		教学建议
技术准备	1. 砌筑材料及工具准备	现场熟悉与选用
	2. 项目图纸准备	教师指导阅读
	3. 墙体构造砌筑工艺与流程	教师演示指导学习
	4. 检验工具	现场熟悉与选用
技能操作及检验	1. 在给定工场地进行放线、摆底	教师讲解、示范操作要领，并指导由学生操作练习。工序完成后组织学生进行自检、互检测、评议出现的质量问题，最后给出实训成绩
	2. 按在给定工作面上墙体构造留设砌筑实训	
	3. 在相应部位选用合适的材料	
	4. 对照相关规范进行质量检测	
相关知识及规定	1. 留槎的基本构造	教师指导学生查阅建筑构造、施工技术、砌筑工艺等相关资料
	2. 构造柱的基本构造	
	3. 墙体洞口的基本构造	
	4. 质量验收标准及检验方法	

教　学　重　点	教　学　难　点
1. 斜槎、直槎的留设	1. 阳槎的留设
2. 构造柱马牙槎留设	2. 马牙槎拉结筋设置
3. 墙体洞口过梁设置	3. 洞口过梁的种类
4. 安全操作及规范要求	4. 墙体垂直度、平整度的控制

6.4.1　实训项目五：墙体留槎与接槎

项目名称：墙体留槎与接槎。

项目要求：

（1）尺寸要求。如图 6-11 所示，要求留直槎阳槎。组砌形式如图 6-12 所示。

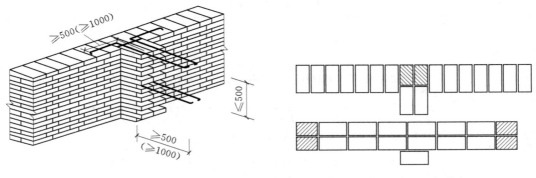

图 6-11　砖砌体留直槎　　　　　　　　　　图 6-12　组砌形式

（2）小组合作要求：一人拌水泥、一人搬砖、一人砍七分砖和计算砖的数量（若是 4 人一组，则另一人按教师的要求加入上述任一种分工）。

（3）质量要求。

1）留直槎时必须留成阳槎，既丁砖不砌，接槎时塞入（槎面看上去是凸出来的）。

2）留直槎时必须设置水平拉结筋，拉结筋沿墙高不应超过500mm，埋入长度从留槎处算起每边均不应小于1000，末端应有90°弯钩。

3）上下错缝，竖缝厚度为10mm左右，但不小于8mm，也不大于12mm。

4）墙接槎，应砂浆饱满、平顺、垂直。

（4）砌筑要求见表6-10。

表6-10　　　　　　　　　　　　砌 筑 要 求 3

材料要求	240mm×115mm×53mm砖、砂浆、拉结筋
工具要求	泥刀、泥桶、铁铲、皮数杆、托线板、线锤、塞尺
安全要求	进入施工现场，必须戴安全帽。 砍砖时应面向内打，防止碎砖跳出伤人；正在砌砖的墙顶上不准行走。 不准站在墙顶上画线、刮缝、清扫墙面及检查大角垂直。 严禁投掷物体，防止物体坠落伤人。 施工操作时要思想集中，不准嬉笑打闹。 严禁站在墙上工作或行走。工作完毕应将墙上和脚手架上多余的材料、工具清理干净
清洁整理要求	工作完毕应将墙上和脚手架上多余的材料、工具清理干净。 工作完毕将砖、砂等材料堆放到原地并整理。 工作完毕将工具妥善放置。 剩余砂浆及砖上刮下的砂浆统一铲至指定地点。 场地冲刷干净

学生工作页见表6-11。

表6-11　　　　　　　　　　　　学 生 工 作 页 5

姓名：		班级：		指导教师：		总成绩：
相关知识				评分权重15%		成绩：
1.什么是斜槎？						
2.什么是直槎？						
3.什么叫咬槎？						
4.斜槎的做法要求是什么？						
5.砖墙接槎应如何处理？						
实践知识				评分权重15%		成绩：
1.留直槎时用的拉结筋直径是多少？						
2.拉结筋的间距						
3.拉结伸入墙内的长度						
操作心得						

考核验收			评分权重60%	成绩	
项目	要求及允许偏差	检验方法	验收记录	配分	得分
工作态度	遵守纪律、态度端正	观察、检查		10	
斜槎留置	$L \geqslant 2/3B$	尺量		10	
直槎拉结钢筋及接槎处理	埋入墙内500mm长 间距500mm	尺量		10	
水平灰缝砂浆饱满度	$\geqslant 80\%$	百格网		10	
垂直度（每层）	$\leqslant 5mm$	线锤、托线板检查		10	
组砌方法	上下错缝，内外搭砌 上下二皮砖搭接长度 小于25mm的为通缝	观察、尺量		5	
水平灰缝厚度	$8 \sim 12mm$	量10皮砖砌体 高度折算		10	
表面平整度	清水：5mm 混水：8mm	用2m靠尺和 楔形塞尺检查		10	
水平灰缝平直度	10mm	拉线和尺栓检查		10	
安全	不出安全事故	巡查		10	
整洁	工具完好、 作业面的清理	观察、检查		5	
质量检验记录及原因分析			评分权重10%	成绩	
质量检验记录		质量问题分析	防治措施建议		

6.4.2 实训项目六：构造柱处墙体砌筑

项目名称：构造柱处墙体砌筑。

项目要求：

（1）尺寸要求。如图6-13所示，要求一端留马牙槎，一端留斜槎。

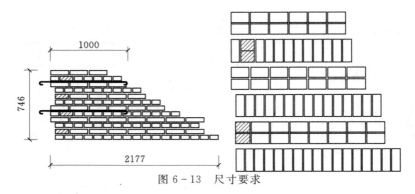

图6-13 尺寸要求

114

（2）小组合作要求：一人拌水泥、一人搬砖、一人砍七分砖和计算砖的数量（若是 4 人一组，则另一人按照教师要求加入上述任一种分工）。

（3）质量要求。

1）构造柱处砖墙应砌成马牙槎，先退后进，进退 60mm。

2）大马牙槎从每层柱脚开始，每一马牙槎沿高度方向尺寸不应超过 300mm（一般是 5 皮砖）。

3）墙与柱应沿高度方向每 500mm（一般是 8 皮砖）设水平拉结筋，每边伸入墙内不应小于 1000mm。

4）上下错缝，竖缝厚度为 10mm 左右，但不小于 8mm，也不大于 12mm。

5）斜槎水平长度不应小于墙体高度的 2/3。

（4）砌筑要求参见表 6-12。

表 6-12　　　　　　　　　　　　砌　筑　要　求　4

材料要求	240mm×115mm×53mm 砖、砂浆、拉结筋
工具要求	泥刀、泥桶、铁铲、皮数杆、托线板、线锤、塞尺
安全要求	进入施工现场，必须戴安全帽。 砍砖时应面向内打，防止碎砖跳出伤人；正在砌砖的墙顶上不准行走。 不准站在墙顶上画线、刮缝、清扫墙面及检查大角垂直。 严禁投掷物体，防止物体坠落伤人。 施工操作时要思想集中，不准嬉笑打闹。 严禁站在墙上工作或行走。工作完毕应将墙上和脚手架上多余的材料、工具清理干净
清洁整理要求	工作完毕应将墙上和脚手架上多余的材料、工具清理干净。 工作完毕将砖、砂等材料堆放到原地并整理。 工作完毕将工具妥善放置。 剩余砂浆及砖上刮下的砂浆统一铲至指定地点。 场地冲刷干净

学生工作页见表 6-13。

表 6-13　　　　　　　　　　　　学　生　工　作　页　6

姓名：		班级：	指导教师：		总成绩：
相关知识				评分权重 15%	成绩：
1. 构造柱有什么作用？					
2. 构造柱与墙体之间的拉结筋要求是什么？					
3. 构造柱的最小截面尺寸是多少？					
4. 构造柱的最小主筋要求是多少？					
5. 构造柱箍筋最小要求是多少？					
实践知识				评分权重 15%	成绩：
1. 构造柱侧的大马牙槎高度方向尺寸是多少？					

实践知识			评分权重 15%	成绩：	
2. 大马牙槎从柱脚开始应先退后进，还是先进后退？					
3. 大马牙槎的进退尺寸是多少？					
操作心得					

考核验收			评分权重 60%	成绩	
项目	要求及允许偏差	检验方法	验收记录	配分	得分
工作态度	遵守纪律、态度端正	观察、检查		10	
马牙槎及拉结筋	马牙槎高不大于 300mm 拉结筋埋入墙内 500mm 长，间距 500mm	观察、尺量		10	
水平灰缝砂浆饱满度	≥80%	百格网		10	
垂直度（每层）	≤5mm	线锤、托线板检查		10	
组砌方法	上下错缝，内外搭砌 上下二皮砖搭接长度 小于 25mm 的为通缝	观察、尺量		10	
水平灰缝厚度	8～12mm	量 10 皮砖砌体 高度折算		10	
表面平整度	清水：5mm 混水：8mm	用 2m 靠尺和 楔形塞尺检查		10	
水平灰缝平直度	10mm	拉线和尺栓检查		10	
安全	不出安全事故	巡查		10	
整洁	工具完好 作业面的清理	观察、检查		10	
质量检验记录及原因分析			评分权重 10%	成绩	
质量检验记录		质量问题分析	防治措施建议		

6.4.3 实训项目七：墙体留洞

项目名称：墙体留洞。

项目要求：

（1）尺寸要求。如图 6-14 所示，采用一顺一丁组砌方法。

（2）小组合作要求：一人拌水泥、一人搬砖、一人砍七分砖和计算砖的数量（若 4 人一组，则另一人按教师要求加上上述任一种分工）。

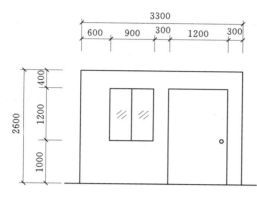

图 6-14　墙体留洞示意图

（3）质量要求。

1）洞口尺寸严格按照要求进行预留，不得私自更改，以防止出现门窗安放不上或缝隙过大的现象。

2）上下错缝，竖缝厚度为10mm左右，但不小于8mm，也不大于12mm。

3）在实训时，由于脚手架的原因，可适当降低所砌墙体的高度和门窗洞口的高度。

4）砍砖时注意砍砖的尺寸，不要太大或太小。

（4）砌筑要求见表6-14。

表 6-14　　　　　　　　　　　砌 筑 要 求 5

材料要求	240mm×115mm×53mm 砖、砂浆、拉结筋、预制过梁
工具要求	泥刀、泥桶、铁铲、皮数杆、托线板、线锤、塞尺
安全要求	进入施工现场，必须戴安全帽。 砍砖时应面向内打，防止碎砖跳出伤人；正在砌砖的墙顶上不准行走。 不准站在墙顶上画线、刮缝、清扫墙面及检查大角垂直。 严禁投掷物体，防止物体坠落伤人。 施工操作时要思想集中，不准嬉笑打闹。 严禁站在墙上工作或行走。工作完毕应将墙上和脚手架上多余的材料、工具清理干净
清洁整理要求	工作完毕应将墙上和脚手架上多余的材料、工具清理干净。 工作完毕将砖、砂等材料堆放到原地并整理。 工作完毕将工具妥善放置。 剩余砂浆及砖上刮下的砂浆统一铲至指定地点。 场地冲刷干净

学生工作页参见表6-15。

表 6-15　　　　　　　　　　　学 生 工 作 页 7

姓名：		班级：	指导教师：		总成绩：
相关知识				评分权重15%	成绩：
1. 什么是过梁？					
2. 钢筋砖过梁的要求怎样？					
3. 什么叫窗台？					
4. 外窗台应做什么，以利排水？					

实践知识			评分权重15%	成绩:	

1. 钢筋混凝土过梁伸入墙的长度为多少?	
2. 洞口墙体的垂直度如何控制?	
3. 如在洞口做钢筋砖过梁,应先在下面支什么?	
4. 填充墙梁底应如何砌?	
操作心得	

考核验收			评分权重60%	成绩	
项目	要求及允许偏差	检验方法	验收记录	配分	得分
工作态度	遵守纪律、态度端正	观察、检查		10	
门窗洞口高、宽	±5mm	用尺检查		10	
外墙上下窗口偏移	20mm	用经纬仪吊线检查		10	
水平灰缝砂浆饱满度	≥80%	百格网		10	
垂直度(每层)	≤5mm	线锤、托线板检查		10	
组砌方法	上下错缝,内外搭砌 上下二皮砖搭接长度 小于25mm的为通缝	观察、尺量		5	
水平灰缝厚度	8~12mm	量10皮砖砌体高度折算		10	
表面平整度	清水:5mm 混水:8mm	用2m靠尺和楔形塞尺检查		10	
水平灰缝平直度	10mm	拉线和尺栓检查		10	
安全	不出安全事故	巡查		10	
整洁	工具完好、作业面的清理	观察、检查		5	

质量检验记录及原因分析		评分权重10%	成绩
质量检验记录	质量问题分析	防治措施建议	

学习单元6.5 任务三:砌体构件砌筑

教师教学指导页见表6-16。

118

表 6-16　　　　　　　教 师 教 学 指 导 参 考 3

学习任务	砌体构件砌筑
实训组织	建议 3～4 人一组
目标描述	1. 学生能正确使用砌筑材料及常用工具。能正确查阅有关技术手册和操作规定，并能应用于实训项目
	2. 学生通过砖基础、砖柱砌筑实训，掌握砖基础的一般构造要求
	3. 学生能按照砖基础质量标准熟练地进行自检和互检，能分析砖基础的质量通病，能提出一定的防治措施和解决办法
	4. 通过教育使学生能够了解安全操作的重要性，加强自我保护的意识，提高学生的动手能力，形成良好的职业素质

	内　　　容	教学建议
技术准备	1. 砌筑材料及工具准备	现场熟悉与选用
	2. 项目图纸准备	教师指导阅读
	3. 砖基础、砖柱砌筑工艺与流程	教师演示指导学习
	4. 检验工具	现场熟悉与选用
技能操作及检验	1. 在给定工场地进行放线、摆底	教师讲解、示范操作要领，并指导由学生操作练习。工序完成后组织学生进行自检、互检测、评议出现的质量问题，最后给出实训成绩
	2. 按在给定工作面上收退放脚砌筑实训	
	3. 抹防潮层	
	4. 对照相关规范进行质量检测	
相关知识及规定	1. 砖基础、砖柱的基本知识	教师指导学生查阅建筑构造、施工技术、砌筑工艺、质量检验等相关资料
	2. 砖基础、砖柱砌筑构造	
	3. 质量验收标准及检验方法	

教 学 重 点	教 学 难 点
1. 砖基础、砖柱的一般构造	1. 大放脚收台形式
2. 大放脚的组砌方法	2. 方柱收台形式
3. 做防潮层	3. 基顶标高控制
4. 安全操作及规范要求	4. 砖基础垂直度控制

6.5.1　实训项目八：基础砌筑

项目名称：砖基础的砌筑。

项目要求：

（1）图 6-15 所示为一砖基础剖面图，要求用图中尺寸砌一砖基础转角，长度 1m 左右。

（2）基础砌筑形式如图 6-16 所示。

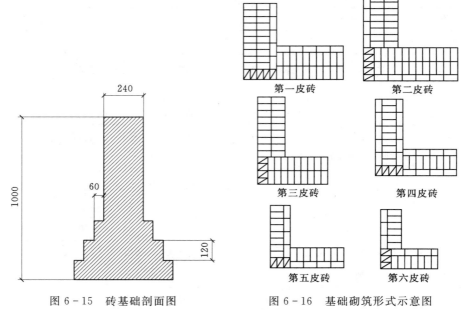

图 6-15　砖基础剖面图　　　　图 6-16　基础砌筑形式示意图

（3）小组合作要求。拌制砂浆，砌筑，搬砖，摆砖，分工合作，岗位轮流替换。

（4）质量要求。

1）基础大放脚应错缝，利用碎砖和断砖填心时，应分散填放在受力较小、不重要的部位。

2）预留空洞应留置准确，不到时候开凿。

3）基础灰缝必须密实，以防止地下水的侵入。

4）各层砖与皮数杆要保持一致，偏差在±10mm之内。

（5）砌筑要求见表 6-17。

表 6-17　　　　　　　　　　　　　砌 筑 要 求 6

材料要求	240mm×115mm×53mm 砖、砂浆、拉结筋
工具要求	泥刀、泥桶、铁铲、皮数杆、托线板、线锤、塞尺
安全要求	进入施工现场，必须戴安全帽。 砍砖时应面向内打，防止碎砖跳出伤人；正在砌砖的墙顶上不准行走。 不准站在墙顶上画线、刮缝、清扫墙面及检查大角垂直。 严禁投掷物体，防止物体坠落伤人。 施工操作时要思想集中，不准嬉笑打闹。 严禁站在墙上工作或行走。工作完毕应将墙上和脚手架上多余的材料、工具清理干净
清洁整理要求	工作完毕应将墙上和脚手架上多余的材料、工具清理干净。 工作完毕将砖、砂等材料堆放到原地并整理。 工作完毕将工具妥善放置。 剩余砂浆及砖上刮下的砂浆统一铲至指定地点。 场地冲刷干净

学生工作页参见表 6-18。

表 6-18　　　　　　　　　　　学 生 工 作 页 8

姓名：		班级：	指导教师：		总成绩：	
相关知识				评分权重 15%	成绩：	
1. 砖基础由什么组成？						
2. 大放脚有哪两种？						
3. 防潮层的材料是什么？						
4. 防潮层施工前应对基层如何处理？						
实践知识				评分权重 15%	成绩：	
1. 砖基础台阶每边收进尺寸是多少？						
2. 大放脚的收退，宜采用什么组砌法？						
3. 基础分段砌筑应留什么槎？						
操作心得						

考核验收			评分权重 60%		成绩	
项目	要求及允许偏差	检验方法	验收记录		配分	得分
工作态度	遵守纪律、态度端正	观察、检查			10	
基础顶面、楼面标高	±15mm	用水平仪和尺量检查			10	
大放脚规格					10	
水平灰缝砂浆饱满度	≥80%	百格网			10	
垂直度（每层）	≤5mm	线锤、托线板检查			10	
组砌方法	上下错缝，内外搭砌上下二皮砖搭接长度小于25mm的为通缝	观察、尺量			5	
水平灰缝厚度	8~12mm	量10皮砖砌体高度折算			10	
表面平整度	清水：5mm混水：8mm	用2m靠尺和楔形塞尺检查			10	
水平灰缝平直度	10mm	拉线和尺栓检查			10	
安全	不出安全事故	巡查			10	
整洁	工具完好、作业面的清理	观察、检查			5	
质量检验记录及原因分析			评分权重 10%		成绩	
质量检验记录		质量问题分析		防治措施建议		

6.5.2 实训项目九：砖柱砌筑

项目名称：砖柱的组砌。

项目要求：

（1）阅读图样信息，明确轴线，墙线，轴号等图样信息，最后用砖砌图样中的三种尺寸的柱子，柱与柱之间距离可不参考图样。高度为 $Z1$：0.8m（约合 12 皮砖），$Z2$：1.0m（约合 15 皮砖），$Z3$：1.4m（约合 20 皮砖），如图 6-17 所示。

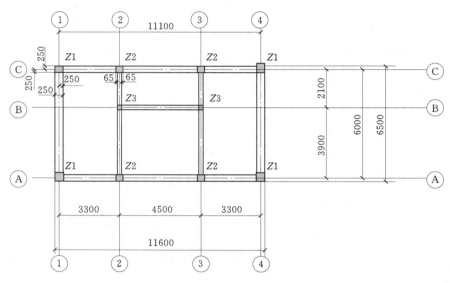

图 6-17 实训图样 2

（2）三种砖柱的组砌方法参见图 6-18。

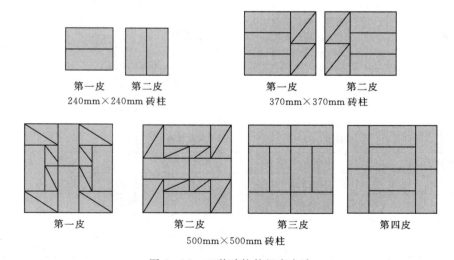

第一皮　　第二皮
240mm×240mm 砖柱

第一皮　　第二皮
370mm×370mm 砖柱

第一皮　　　第二皮　　　第三皮　　　第四皮
500mm×500mm 砖柱

图 6-18 三种砖柱的组砌方法

（3）小组合作要求。拌制砂浆，砌筑，搬砖，摆砖，分工合作，岗位轮流替换。

（4）质量要求。

1）使柱面上下皮的竖缝相互错开 1/2 砖长或 1/4 砖长，在柱心无通缝。

2）砖柱的水平灰缝和竖向灰缝宽度宜为 10mm，但不应小于 8mm，也不大于 12mm，水平灰缝的砂浆饱满度不得小于 80％，竖缝也要求饱满，不得出现透明缝。

3）柱砌至上部时，要拉线或用托线板检查垂直度。同时还要对照皮数杆的砖层及标高，如有偏差时，应在水平灰缝中逐渐调整，使砖的层数与皮数杆一致。

4）砖柱表面的砖应边角整齐，色泽均匀。

5）砖柱地面都有棱角，在砌筑时一定要勤加检查，尤其是下面几皮砖要吊直，并要随时注意灰缝平整，防止砖柱扭曲或砖皮一头高，一头低等情况。

（5）砌筑要求见表 6-19。

表 6-19　　　　　　　　　　　　　　砌 筑 要 求 7

材料要求	240mm×115mm×53mm 砖、砂浆、拉结筋
工具要求	泥刀、泥桶、铁铲、皮数杆、托线板、线锤、塞尺
安全要求	进入施工现场，必须戴安全帽。 砍砖时应面向内打，防止碎砖跳出伤人；正在砌砖的墙顶上不准行走。 不准站在墙顶上画线、刮缝、清扫墙面及检查大角垂直。 严禁投掷物体，防止物体坠落伤人。 施工操作时要思想集中，不准嬉笑打闹。 严禁站在墙上工作或行走。工作完毕应将墙上和脚手架上多余的材料、工具清理干净
清洁整理要求	工作完毕应将墙上和脚手架上多余的材料、工具清理干净。 工作完毕将砖、砂等材料堆放到原地并整理。 工作完毕将工具妥善放置。 剩余砂浆及砖上刮下的砂浆统一铲至指定地点。 场地冲刷干净

学生工作页见表 6-20。

表 6-20　　　　　　　　　　　　　　学 生 工 作 页 9

姓名：		班级：	指导教师：		总成绩：
相关知识			评分权重 15％	成绩：	
1. 什么是通缝？					
2. 柱中间部分造成通缝的主要原因是什么？					
3. 砖柱上可以留脚手眼吗？					
实践知识			评分权重 15％	成绩：	
1. 上下皮竖向灰缝应错开多少？					
2. 砖柱要特别注意灰缝平整，防止什么情况出现？					
3. 砌筑时人可以站在柱上吗？					
操作心得					

考核验收			评分权重60%	成绩	
项目	要求及允许偏差	检验方法	验收记录	配分	得分
工作态度	遵守纪律、态度端正	观察、检查		10	
柱顶标高	±15mm	用尺量检查		10	
水平灰缝砂浆饱满度	≥80%	百格网		10	
垂直度（每层）	≤5mm	线锤、托线板检查		10	
组砌方法	无包心砌法 上下二皮砖搭接长度 小于25mm的为通缝	观察、尺量		10	
水平灰缝厚度	8～12mm	量10皮砖砌体 高度折算		10	
表面平整度	清水：5mm 混水：8mm	用2m靠尺和 楔形塞尺检查		10	
水平灰缝平直度	10mm	拉线和尺栓检查		10	
安全	不出安全事故	巡查		10	
整洁	工具完好、 作业面的清理	观察、检查		10	
质量检验记录及原因分析			评分权重10%	成绩	
质量检验记录		质量问题分析		防治措施建议	

附录 砌筑工技能鉴定试题

理论部分

一、选择题（每小题 0.5 分，共 20 分）

1.（　　）不能达到较高强度，但和易性较好，使用操作起来方便，广泛用于工程中。

A. 水泥砂浆　　　　　B. 混合砂浆　　　　　C. 石灰砂浆　　　　　D. 防水砂浆

2. 在同一皮砖层内一块顺砖一块丁砖间隔砌筑的砌法是（　　）。

A. 满丁满条砌法　　B. 梅花丁砌法　　　C. 三顺一丁砌法　　D. 顺砌法

3. M5 以上砂浆用砂，含泥量不得超过（　　）。

A. 2%　　　　　　　B. 5%　　　　　　　C. 10%　　　　　　　D. 15%

4. 一般高 2m 以下的门口每边放（　　）块木砖。

A. 2　　　　　　　　B. 3　　　　　　　　C. 4　　　　　　　　D. 5

5. 混水墙水平灰缝平直度为（　　）mm。

A. 5　　　　　　　　B. 7　　　　　　　　C. 10　　　　　　　　D. 20

6. 雨天施工时，砂浆的稠度应当减小，每日砌筑高度不宜超过（　　）。

A. 1.8m　　　　　　B. 4m　　　　　　　C. 1.2m　　　　　　D. 1.5m

7. 砌体砂浆必须密实饱满，实心砖砌体水平灰缝的砂浆饱满度不少于（　　）。

A. 70%　　　　　　B. 75%　　　　　　C. 80%　　　　　　D. 85%

8. 砌块砌体在纵横的丁字接头或转角处，不能搭接或搭接长度小于（　　）时，应用钢筋片或拉结条连接。

A. 15cm　　　　　　B. 20cm　　　　　C. 25cm　　　　　　D. 30cm

9. 基础埋入地下经常受潮，而砖的抗冻性差，所以砖基础的材料一般用（　　）。

A. MU10 砖，M5 水泥砂浆　　　　　B. MU10 砖，M5 混合砂浆

C. MU7.5 砖，M5 水泥砂浆　　　　　D. MU7.5 砖，M5 混合砂浆

10. 过梁两端伸入墙内不小于（　　）。

A. 120mm　　　　　B. 180mm　　　　　C. 240mm　　　　　D. 360mm

11. 规范规定留直槎应配置拉结筋是因为（　　）。

A. 直槎比斜槎易留置　　　　　　　B. 直槎比斜槎的拉结强度差

C. 坡度不符合设计要求　　　　　　D. 直槎接缝灰缝不易饱满

12. 砌筑砂浆任意一组试块强度不得小于设计强度的（　　）。

A. 75%　　　　　　B. 85%　　　　　　C. 90%　　　　　　D. 100%

13. 砖浇水过多及遇雨天，砂浆稠度宜采用（　　）。

A. 4～5cm　　　　　B. 5～7cm　　　　　C. 7～8cm　　　　　D. 8～10cm

14.（　　）一般应用于基础，长期受水浸泡的地下室墙和承受较大外力的砌体中。

A. 防水砂浆   B. 水泥砂浆   C. 混合砂浆   D. 石灰砂浆

15. 盘角时，砖层上口高度一般比皮树杆标定的皮数低（   ）。

A. 1～5mm   B. 5mm   C. 5～10mm   D. 10～15mm

16. 出现"螺丝墙"的主要原因是（   ）。

A. 皮树杆不准确   B. 没有拉通线砌筑

C. 操作者将提灰压灰搞反了   D. 没有按"三一"砌砖法施工

17. 常温下施工时，水泥混合砂浆必须在拌成后（   ）h内使用完毕。

A. 2   B. 3   C. 4   D. 8

18. 砖砌体组砌要求必须错缝搭接，最少应错缝（   ）。

A. 1/2 砖长   B. 1/4 砖长   C. 1/8 砖长   D. 1/3 砖长

19. 凡坠落高度在（   ）以上可能坠落的高处进行的作业称为高处作业。

A. 1m   B. 2m   C. 4m   D. 6m

20. 某一砌体，轴心受拉破坏，沿竖向灰缝和砖块一起断裂，主要原因是（   ）。

A. 砂浆强度不足   B. 砖抗拉强度不足

C. 砌砖前没浇水   D. 砂浆不饱满

21. 当房屋中部沉降量较大时，则位于（   ）的圈梁作用大。

A. 基础顶面   B. 檐口

C. 基础顶面和窗顶   D. 窗顶

22. 基础砌筑时砂浆饱满度不得低于（   ）。

A. 75%   B. 80%   C. 90%   D. 100%

23. 安装过梁时，发现过梁有一条微小通缝（   ）。

A. 可以使用   B. 不可以使用   C. 修理后可以使用   D. 降低等级使用

24. 砖基础大方脚的收退，应遵循"退台压顶"的原则，宜采用（   ）的砌法。

A. 一顺一丁   B. 三顺一丁   C. 梅花丁

25. 砖基础顶面标高，用水准仪和尺量检查，偏差在（   ）之内。

A. ±5mm   B. ±10mm   C. ±15mm

26. 砖砌过梁的跨度，对钢筋砖过梁不宜超过（   ）。

A. 1.8m   B. 2m   C. 1.2m   D. 1.5m

27. 毛石墙勾缝砂浆黏结不牢，原因是（   ）。

A. 石块表面不洁净   B. 勾缝形式不合理

C. 抠缝不深   D. 配合比不正确

28. 用机械搅拌砂浆应在投料后搅拌（   ）。

A. 0.5～1min   B. 1～1.5min

C. 1.5～2min   D. 2～3min

29. 从防潮层到屋盖完全分开的是（   ）。

A. 沉降缝   B. 伸缩缝   C. 檐口部位   D. 隔层设置

30. 梁垫的作用是（   ）。

A. 加大受压面积   B. 找平

C. 防止异物进入　　　　　　　　　　D. 保证空气层

31. 构造柱箍筋在每层的上下端（　　）范围内要适当加密。

A. 300mm　　　　　B. 500mm　　　　　C. 1000mm　　　　　D. 1500mm

32. 砌筑砖拱碹，灰缝呈放射状，每道灰缝应与弧形胎膜的对应点的切线相垂直，下部的灰缝不小于（　　），上部的灰缝不大于15mm。

A. 2mm　　　　　B. 5mm　　　　　C. 10mm　　　　　D. 12mm

33. 单曲砖拱砌筑与房屋的前后檐相接处，拱（　　）砌入前后檐内。

A. 应　　　　　B. 不应　　　　　C. 可以

34. 窗台墙上部产生上宽下窄裂缝，其原因是（　　）。

A. 窗洞口过大　　　　　　　　　　B. 砌体抗拉强度不足

C. 地基软弱　　　　　　　　　　　D. 没设置圈梁

35. 毛石墙的厚度不宜小于（　　）mm。

A. 350　　　　　B. 400　　　　　C. 320　　　　　D. 240

36. 冬期施工中，掺盐法常用的抗冻剂为（　　）。

A. 氯化钙　　　　　B. 氯化钠　　　　　C. 亚硝酸钠

37. 砖砌花饰墙多用于庭院、花园和公共建筑物的围墙，一般每隔（　　）砌一砖柱。

A. 5～6m　　　　　B. 4～4.5m　　　　　C. 2.5～3.5m　　　　　D. 2m左右

38. 砌筑多跨或双梁连续单曲拱屋面时，要做到各跨（　　）施工。

A. 同时　　　　　B. 不同时

39. 清水墙大角应先砌筑（　　）高左右，在砌筑时挑选方正和规格较好的砖。

A. 0.5m　　　　　B. 1m　　　　　C. 0.8m

40. 砖基础大放脚摆放，宜先从摆放（　　）开始。

A. 轴线　　　　　B. 两端　　　　　C. 转角

二、判断题：（每小题0.5分，共计25分）

（　　）1. 普通烧结砖的强度等级是由抗压强度等级来控制的。

（　　）2. 数日连降雨水，砌砖时就不用再浇水，并应减小砂浆的稠度。

（　　）3. 接槎处灰浆密实，砖缝平直，每处接槎部位水平灰缝厚度小于5mm或透亮的缺陷不超过10个的砌体质量等级为合格。

（　　）4. 百格网的用途是检查砌体的竖缝的灰浆饱满度。

（　　）5. 砌体的搭接错缝应不少于1/3砌块高，且不小于15cm。

（　　）6. 现场气温如大于30℃，水泥砂浆应在4h内用完。

（　　）7. 砖砌体水平灰缝和立缝最小不得小于8mm，最大不得大于12mm，以10mm为宜。

（　　）8. 抗震设防地区，在墙体内放置拉结筋一般要求沿墙高每500mm设置一道。

（　　）9. 砌体临时间断处的高度差不得超过4m。

（　　）10. 砖过梁上与过梁成60°角的三角范围内不可设置脚手眼。

（　　）11. 冬季施工，为了有利于砌体强度的增长，应对砌块预先浇水湿润。

（　　　）12. 墙体有受力作用、维护作用、分隔作用、装饰作用几种。

（　　　）13. 标准普通烧结砖的尺寸是 240mm×115mm×53mm，每块砖干燥时约为 2.5kg，吸水后约为 3kg。

（　　　）14. 皮树杆就是在小方杆上画出砖的皮数。

（　　　）15. 拌和砂浆时，如果没有磅秤，各种原材料可以不用计量就进行拌和。

（　　　）16. 拌和砂浆时，如果没有磅秤，各种原材料可以不用计量就进行拌和。

（　　　）17. 混水填充墙砌到梁底或板底时，可以与平面交角 45°～60° 的斜砌砖顶紧。

（　　　）18. 大铲用于铲灰，铺灰和刮浆，是实施"三一"砌筑法的关键工具。

（　　　）19. 当日最低气温低于 −15℃ 时，砌筑承重砌体的砂浆强度等级应按常温施工提高一级。

（　　　）20. 楼层砌砖时，在楼板上砖的堆放不能太多，不准超过三皮砖。

（　　　）21. 砌砖墙时，与构造柱连接处应砌成大马牙槎，每一马牙槎沿高度方向不应超过 50cm。

（　　　）22. 砖墙砌到现浇楼板底时，砌低一皮砖目的是使楼板的支承处混凝土加厚，支承点得到加强。

（　　　）23. 用粗砂拌制的砂浆，保水性较差。

（　　　）24. 水平灰缝太厚，可能会使砌体产生滑移，对墙体结构不利。

（　　　）25. 采用掺盐砂浆砌筑时，应对拉结筋做防腐处理。

（　　　）26. 砂浆中添加微沫剂可改善砂浆的塑性和保水性。

（　　　）27. 安全管理包括安全施工与劳动保护两个方面的管理工作。

（　　　）28. 基础正墙首层砖要用丁砖排砌，并保证与下部大放脚错缝搭砌。

（　　　）29. 砌基础大放脚的收退要遵循"退台收顶"的原则，应采用一顺一丁的砌法。

（　　　）30. 为保证冬期施工正常进行，可采用掺盐砂浆法，冻结法及暖棚法。

（　　　）31. 物镜和目镜一般采用复合透镜组。

（　　　）32. 掺盐砂浆使用的温度不应低于 −5℃。

（　　　）33. 建筑制图是按照正投影来表达的。

（　　　）34. 砌体的转角处、交接处应同时砌筑。

（　　　）35. 在实际施工中，屋架支座的位置和砖柱的横截面重心都有一个偏心距。

（　　　）36. 清水方柱砌筑 1m 时，必须要砌得方正，灰缝均匀，四角要用吊线锤和托线板检查。

（　　　）37. 盘砌大角的人员应相对稳固，最好由下而上一个人操作，避免应经常变动人员工艺手法不同造成大角垂直度不稳定。

（　　　）38. 国家标准规定：图样上的尺寸一律以 mm 为单位。

（　　　）39. 石灰膏是水硬性胶凝材料。

（　　　）40. 全面质量管理强调全企业，全体职工对生产全过程进行质量控制。

（　　　）41. 地面以下的砌体也可使用空心砖。

（　　　）42. 由于女儿墙处设置了圈梁，可以阻止在屋顶面处发生水平裂缝。

（　　）43．蒸压加气混凝土板超长超宽时，可切锯，但切锯不应破坏板的整体刚度。

（　　）44．基础正墙首皮砖要用丁砖排砌，并保证与下部大放脚错缝搭砌，最后一皮砖也要求用丁砖排砌。

（　　）45．整个双曲拱砌筑应由两端向跨中进行。每段两端同时向波顶对称进行。

（　　）46．清水砖墙的外形质量要求比混水墙要求高，因此要采用高强度等级的砖。

（　　）47．建筑立面图主要为室外装修所用。

（　　）48．砖基础正墙砌筑完后要检查垂直度、平整度和水平标高。

（　　）49．干净的海水可用做砂浆的拌和用水。

（　　）50．比例尺既能用来量取尺寸，又能用来画图。

三、填空题（每空1分，共15分）

1．建筑按承重结构的材料分类为：土木结构、木结构、_____、混凝土结构、钢结构。

2．"百年大计，质量第一"以及"安全为了生产，生产必须安全"是基本建设的一条_____方针。

3．变形缝包括：伸缩缝，_____和防震缝。

4．烧结砖，从声色上观察，色深的火候是，敲击时_____响亮，强度高，称为正火砖。

5．砂子按颗粒大小可分为粗、_____、细三种。砌筑砂浆一般用中砂，但勾缝宜用细砂。

6．房屋主要由_____、墙、楼板、梁、柱及屋盖等组成。

7．脚手架按搭设位置来分可分为外脚手架和_____。

8．砖砌体的组砌，要求上下错缝、至少应错缝_____砖长。

9．窗台砌筑方法分为出砖檐和_____两种砌法。

10．化粪池由钢筋混凝土底板、隔板和_____墙组成。

11．钢筋混凝土构造柱必须_____。

12．_____、_____、_____称为力的三要素。

13．_____是瓦工砌砖的主要依据之一。它表示砌体的层数和建筑物各种洞口、构件、梁板、加筋等的高度，是竖向尺寸的标准。

四、名词解释（每题2分，共计12分）

1．抄平

2．灰缝

3．梅花丁砌法

4. 砂浆的保水性

5. 冻结法

6. 人工地基

五、简答题（每题 2 分，共计 16 分）

1. 墙身砌筑要遵循哪几项原则？

2. 砌砖工作的四个基本动作是什么？

3. 怎样立皮树杆？

4. 什么条件下视为进入冬期施工？

5. 什么叫排砖？

6. 砖基础大放脚收退原则是什么？

7. 影响砖石结构抗压强度的因素有哪些？

8. 什么是掺盐砂浆法？

六、计算题 (12分)

1. 试验室下达的 M5.0 的混合砂浆的配合比是水泥：石灰膏：砂＝200：150：1600kg。每搅拌一次需用水泥 50kg。试计算每搅拌一次需石灰膏、砂各多少？

2. 一组 M7.5 的水泥砂浆试块 (7.07cm×7.07cm×7.07cm)，在标准养护 28 天后试压，问承受多大压力才能满足要求。

实际操作部分

任务一 砌筑 2m 以下 240 混水墙 (一顺一丁)

（一）操作完成时间

3h。

（二）在规定时间内应完成工程量

砌筑 0.4m³ 墙体。

（三）考核项目及评分标准

序号	测定项目	评 分 标 准	标准分	检测点					得分
				1	2	3	4	5	
1	砖	选砖质量达不到要求无分	5						
2	组砌方法	组砌方法不正确无分	10						
3	砂浆饱满度	3 块砖砂浆平均少于 80% 扣 5 分，查 6 块砖砂浆	10						
4	留槎接槎	留槎、接槎不符合要求无分	10						
5	墙体垂直度	超过 5mm 每处扣 1 分，超过 10mm 无分	10						
6	墙面平整度	超过 8mm 每处扣 1 分，超过 15mm 无分	10						
7	灰缝厚度	与皮数杆比较，10 块砖累计偏差值超过 8mm 每处扣 1 分，超过 15mm 无分	5						
8	水平灰缝平直度	超过 1mm 每处扣 1 分，超过 20mm 元分	5						
9	操作工艺	违反施工程序无分	5						

序号	测定项目	评 分 标 准	标准分	检测点 1	2	3	4	5	得分
10	工具使用和维护	施工前后检查2次，不符合要求每次扣2分	5						
11	安全文明施工	不遵守操作规程无分，对操作面成品、半成品造成污损无分，工完场不清无分	10						
12	工效	按规定时间完成规定工程量90%以下无分，在90%～100%之间每1%扣0.5分，提前完成最多加3分	15						
合计分值			100						
结论		考评员签字（3人）							

（四）物料准备

1. 材料：每个参考者标准砖300块、混合砂浆 $0.1m^3$。

2. 手工工具：泥刀、灰桶、溜子、灰板、铁铲、细尼龙线。

3. 检测工具：皮数杆、吊线锤、托线板、塞尺、水平尺、卷尺、方尺、细尼龙线、百格网。

任务二　砌筑3步以上等高式大放脚基础墙

（一）操作完成时间

3h。

（二）在规定时间内应完成工程量

砌筑 $0.45m^3$ 基础墙。

（三）考核项目及评分标准

序号	测定项目	评 分 标 准	标准分	检测点 1	2	3	4	5	得分
1	排砖	内外搭接不正确无分	10						
2	组砌方法	不正确无分	10						
3	转角排砖	不准确无分	10						
4	定位弹线	不准确无分	10						
5	标高测定	超过2mm每处扣1分，超过4mm无分	10						
6	砂浆饱满度	小于80%每处扣1分，3处小于80%无分	10						
7	操作工艺	违反施工操作程序无分	10						
8	工具使用和维护	施工前后检查2次，不符合要求每次扣2分	5						

序号	测定项目	评 分 标 准	标准分	检测点					得分
				1	2	3	4	5	
9	安全文明施工	不遵守操作规程无分,对操作面成品、半成品造成污损无分,工完场不清无分	10						
10	工效	按规定时间完成规定工程量的90%以下无分,在90%～100%之间每1%扣0.5分,提前完成最多加3分	15						
合计分值			100						
结论		考评员签字 (3人)							

（四）物料准备

1. 材料：每个参考者标准砖240块、水泥砂浆0.2m³。
2. 手工工具：泥刀、灰桶、铁铲、溜子、灰板。
3. 检测工具：皮数杆、百格网、线锤、细尼龙线、卷尺、水平尺、方尺。

任务三 砌筑 2m 以下混水方柱

（一）操作完成时间

4h。

（二）在规定时间内应完成工程量

砌筑 490mm×490mm 混水方柱一个，18 块砖高。

（三）考核项目及评分标准

序号	测定项目	评 分 标 准	标准分	检测点					得分
				1	2	3	4	5	
1	砖块调头翻身	姿势不正确每次扣1分（扣完为止）	5						
2	选砖	不符合要求无分	5						
3	斩砖	尺寸不准,每次扣2分（扣完为止）	10						
4	砌墙手法	不规范每次扣1分	5						
5	铺灰	灰量不适当,每次扣1分（扣完为止）	5						
6	方柱标高	超过10mm扣2分,超过20mm无分	10						
7	截面尺寸	超过5mm扣2分,超过10mm无分	10						
8	水平灰缝厚度	与皮数杆比较,10块砖累计偏差超过8mm。每处扣2分,超过15mm无分	10						
9	平整度	超过8mm扣2分,超过15mm无分	10						
10	工具使用和维护	施工前后检查2次,不符合要求每次扣2分	5						

序号	测定项目	评 分 标 准	标准分	检测点					得分
				1	2	3	4	5	
11	安全文明施工	不遵守操作规程无分，对操作面成品、半成品造成污损无分，工完场不清无分	10						
12	工效	按规定时间完成规定工程量的 90％以下无分，在 90％～100％之间每 1％扣 0.5 分，提前完成最多加 3 分	15						
	合计分值		100						
	结论	考评员签字 （3 人）							

（四）物料准备

1．材料：每个参考者标准砖 170 块、混合砂浆 0.1m^3。

2．手工工具：泥刀、灰桶、溜子、灰板、托线板、线锤。

3．检测工具：皮数杆、吊线锤、托线板、塞尺、水平尺、卷尺、方尺。

任务四　砌筑 2m 以下 240 混水墙（梅花丁）

（一）操作完成时间

4h。

（二）在规定时间内应完成工程量

砌筑 0.4m^3 墙体。

（三）考核项目及评分标准

序号	测定项目	评 分 标 准	标准分	检测点					得分
				1	2	3	4	5	
1	砖	选砖质量达不到要求无分	5						
2	组砌方法	组砌方法不正确无分	10						
3	留槎接槎	不符合规范要求无分	10						
4	墙体垂直度	超过 5mm 每处扣 1 分，超过 10mm 无分	10						
5	墙面平整度	超过 8mm 每处扣 1 分，超过 15mm 无分	10						
6	砂浆饱满度	3 块砖平均少于 80％扣 5 分，测 6 块砖	10						
7	灰缝厚度	与皮数杆比较，10 块砖累计偏差值超过 8mm 每处扣 1 分，超过 15mm 无分	10						
8	操作工艺	违反施工操作程序无分	5						
9	工具使用和维护	施工前后检查 2 次，不符合要求每次扣 2 分	5						
10	安全文明施工	不遵守操作规程无分，对操作面成品、半成品造成污损无分，工完场不清无分	10						

序号	测定项目	评 分 标 准	标准分	检测点 1	2	3	4	5	得分
11	工效	按规定时间完成规定工程量的90%以下无分，在90%～100%之间每1%扣0.5分，提前完成最多加3分	15						
	合计分值		100						
结论		考评员签字（3人）							

（四）物料准备

1. 材料：每个参考者标准砖 230 块、混合砂浆 $0.1m^3$。

2. 手工工具：泥刀、灰桶、溜子、灰板、细尼龙线、铁铲。

3. 检测工具：皮数杆、百格网、吊线锤、塞尺、水平尺、方尺、卷尺、托线板、细尼龙线。

砌筑工技能鉴定试题答案

一、选择题

1—5：B B B B C   6—10：C C A A B

11—15：B A A B C   16—20：C C B B B

21—25：A B B A C   26—30：B A C A A

31—35：B B B B A   36—40：B C A B C

二、判断题

1—5：× √ √ × √   6—10：× √ √ × √

11—15：× × √ × ×   16—20：× √ √ √ ×

21—25：× √ √ √ ×   26—30：√ √ √ × √

31—35：√ × √ × √   36—40：× √ √ × √

41—45：× × × √ √   46—50：× √ × × ×

三、填空题

1. 砖混结构　2. 主要　3. 沉降缝　4. 声音　5. 中

6. 基础　7. 里脚手架　8. 1/4　9. 出虎头砖　10. 砖砌隔

11. 先砌墙后浇柱　12. 大小、方向、作用点　13. 坡数杆

四、名词解释

1. 抄平就是保证垫层混凝土表面平整。

2. 砖与砖之间的缝统称为灰缝。

3. 是指在同一皮砖上采用两块顺转夹一块丁砖的砌法。上皮丁砖坐中于下皮顺转，上下两皮砖的竖向灰缝错开1/4砖长。

4. 砂浆从搅拌机出料后到使用在砌体上，砂浆中的水和胶结料以及骨料之间分离的快慢程度。

5. 指用不掺有任何化学附加剂的普通水泥砂浆或水泥混合砂浆进行砌筑的一种冬期施工方法。

6. 由于土层较软弱或较复杂，必须经过人工处理，使其提高承载能力，才能承受房屋的荷载的地基。

五、简答题

1. 答：共有四项原则：①角砖要平，绷线要紧；②上灰要准，铺灰要活；③上跟线下跟棱；④皮树杆要立正、立直。

2. 答：铲灰、铺灰、取砖、摆砖。

3. ①皮树杆要立在墙的大角、内外墙交接处、楼梯间及洞口多的地方；②在砌筑前要检查皮树杆的±0.000与抄平木桩的±0.000是否钉的重合，门窗口上下标高是否一致；③检查所有应立皮树杆的部位是否都立了，检查无误后方可以挂线砌砖。

4. 答：规范规定，当预计连续 10d 内的平均气温低于 5℃ 或当日最低气温低于 −3℃ 时，即属于冬期施工阶段。

5. 答：按照基底尺寸线和已定的组砌方式，不用砂浆，把砖在一段长度内整个干摆一层，排砖时要考虑竖直灰缝的宽度，要求山墙摆成丁砖，檐墙摆成顺转。

6. 答：砌基础大放脚的收退，应遵循"退台压顶"的原则。宜采用"一顺一丁"的砌法，退台的每台阶上面一坡砖为丁砖。间隔式大放脚收一皮处，宜采用丁砌为主。基础大放脚的退台从转角开始，每次退台须用卷尺量准尺寸，中间部位的退台应依照大角处拉准线进行。

7. 答：砖和砂浆的强度；砂浆的弹塑性性质；砂浆铺筑时的流动性；砌筑质量以及砖的形状和灰缝的厚度。

8. 答：冬期施工时，在普通砂浆里，根据气温情况适量掺加氯盐，使砂浆在负温下不冻，可以继续缓慢增长强度的一种施工方法。

六、计算题

1. 解：①将配合比简化成：

150÷200＝0.75，1600÷200＝8 则配合比可写成

水泥：石灰膏：砂＝1：0.75：8

计算每搅拌一次用量。根据已知，每搅拌一次用石灰膏：50×0.75＝37.5kg，每搅拌一次用砂：50×8＝400kg。

答：每搅拌一次需用石灰膏 37.5kg、砂 400kg。

2. 解：①试块受压面积：

7.07cm×7.07cm＝49.98cm^2≈50cm^2＝5000mm^2

②承受的压力：

7.5×5000＝37500N

答：承受 37500N 的压力才能满足要求。

参 考 文 献

［1］ 中华人民共和国住房和城乡建设部. GB 50203—2011 砌体结构工程施工质量验收规范［S］. 北京：中国建筑工业出版社，2012.

［2］ 栾海明. 砌体结构工程. 武汉：华中科技大学出版社，2013.

［3］ 张晓霞. 建筑工程施工综合实训. 重庆：重庆大学出版社，2013.

［4］ 钟振宇. 建筑施工工艺实训. 北京：科学出版社，2013.

［5］ GB 50203—2011 砌体结构工程施工质量验收规范［S］. 北京：中国建筑工业出版社，2011.

［6］ 北京土木建筑学会. 建筑工程施工技术手册［M］. 武汉：华中科技大学出版社，2008.